JN078380

5 入門・環境社会学
現代的課題との関わりで

Introduction 「入門・社会学」シリーズ

牧野 厚史・藤村 美穂・川田 美紀 ● 編著

学文社

はじめに

　この入門書は，水をテーマに環境社会学の見方，問題の調べ方を紹介している。入門書にはさまざまなスタイルがあり，それぞれ特色があるが，私たちは，本書に2つの特色をもたせることにした。第1に，環境との一般的な関係ではなくて，ある共通した環境にかかわる人びとの悩みやそれに対応する工夫に焦点をあてるということである。その結果，選んだのは水環境である。水は多くの環境問題に直接・間接的にかかわっており，環境社会学の研究も水に関連しているものが多く，水を共通の対象とすることで，学術的にもおもしろいものになると考えた。第2に，自分たちの身近な世界から考えることに留意した。そのため，本書では，湧き水や川，湖，さらに海などの，身近な水への人びとのかかわり方に焦点をあてている。

　考えてみると，水とどのようにかかわっていくのかは，人間たちが長い歴史のなかでいつも悩み続けてきたテーマである。水と人との関係には，単純化すると，自然環境からの恵みと災いという2つの側面がある。私たちは，飲み水を必要とするし，その他の生活・生産にも水を使っている。それらの恵みの一方で，水は，災いももたらす。疾病の媒介や水害はその代表である。水を安定的に得るための工夫とともに，伝染病や災害への対処は，いずれも個人で解決できる問題ではない。つまり，恵みと災いの調整の中心に，人間の社会があったことが理解できる。

　恵みと災いの調整という，物資的世界に焦点をあてた言葉を，人間社会の側からみてみよう。そうすると，恵みと災いとの調整とは，人間が，どのように生き延び，いかに生活を充実させることができるのかという点になる。別のいい方をすると，生活を充実する企てに，生存の問題を組み込むことが，基本的にうまくいったから，今の人間社会があるといえる。このことは，私たちに，現代社会の特徴にみあった水との良好な関係のもち方があるはずだという希望

を与える。

　ただ，今の私たちが水とのかかわり方に危機感を強めているのは，水との関係に差し迫った課題があるからだ。たとえば，地球上の淡水全般に指摘されている水不足と水汚染の拡大という問題がそうである。それに加えて，日本では，水と人との疎遠化，ことに人びとを取り巻く身近な環境としての水への関心の低下がある。

　水への関心低下は，水に関連する環境問題の変化にも指摘できる。高度経済成長期までの日本で，水俣病のような深刻な公害問題がなぜ表面化したのかを考えると，それは人びとが水と密接な関係をもっていたからだといえる。これに対して，河川や湖沼，瀬戸内海や有明海のような内海の環境悪化が進んだのは，水と人びととの関係が疎遠化しはじめたからではないか。疎遠化したからこそ，水の汚染に直接的な被害を感じる人が少なかったのではないか。日本の環境社会学者たちは，そのような仮説を提起してきた。ただ，水と人との関係は疎遠化する一方かというとそうではなさそうである。

　たとえば，近年の自治体の政策では地域の水源として井戸を見直す動きがある。広範囲に普及している水道は，地震などの災害に対しては非常に脆弱で，断水が数ヵ月続くことも多いからである。もちろん，災害に強い水道への作り替えという，技術的な解決策は重要であるが，これにのみ頼ることは危険である。それは災害の規模や広がりがいつも想定内だという，私たちの体験からみてあまり適切ではない仮定をおくことになるからである。これに対して，水道システムの外側にある水源を，かかわれるみんなで大切にすれば，災害の際に役に立つかもしれない。そして，第10章でも述べられているように，すでにこのことを実行しはじめている自治体もある。

　では，水汚染の場合はどうだろうか。現在，その対策として多用されているのは公的な権力行使である。そのよくある方法に，利得構造の変更という方法がある。たとえば企業が汚染源となる排水を流すのは，自社の狭い利得獲得のためであるから，水保全に協力しないと損（負の利得）になるようペナルティを設けるなどである。このやり方は，多くの場合，条例も含む法的根拠が必要

なので，経済学や法学が得意とする考え方である。しかしこのやり方には，欠点もある。人びとが生活しにくい規制社会を実現するかもしれないからである。また，第5章でもとりあげているが，制御するという手法が，意図的ではないにしても，人びとの排除をともなうこともある。これは，公的な権力行使による制御方法では，人びとの個々の状況（例えば高齢者，子ども，経済的な格差）に柔軟に対応することが難しいためである。

　このことに対する本書の立場を述べれば，それは制御に至る前に，具体的な人間関係や地域での生活のなかで，人びとが自発的に対応できる道をさがす，つまり主体性を発揮できるためのヒントを見つけることになる。

　いくつかの章では，公的権力による制御という現在の政策とは少し異なった視点から水環境の課題にアプローチすることで，水との良好なかかわり方を模索する事例が紹介されている。このことをもって，良い面ばかりをみていると思うかもしれないが，そうではない。社会学は，社会の多様性と蓋然性に注目する学問である。したがって，本書では，条件さえ揃えば，地域の違いを超えて，より持続的な水とのかかわり方を実現できる可能性を重視する。逆に，条件を整えずにまねたとしたら，うまくいかないこともあるだろう。環境社会学を学ぶことは，その活動の存立の根拠を明らかにする作業に参加することでもある。そのような読者へのメッセージを込めて，本書は成り立っている。

　本書の8名の執筆者は，頭で考えて理論を構築するというよりは，フィールドワークでの人びとの実践から学ぶことを重視するという点において共通している。それぞれの執筆者は，農業や農地，森林や獣害などの問題を考えたり，環境政策やツーリズムや住民運動，地域づくりなどを研究してきたが，それらのなかに必ずかかわってくるのが，水や水環境であった。

　本書は，3つのパートに分かれている。第1章から3章までは，日本やモンスーン・アジア途上国における水の課題および，課題に関わる社会組織について取上げ，第4章から6章では，川の上流と下流との関係，労働，ツーリズムという，現代日本社会の水利用についてのトピックスが論じられる。さらに，第7章から9章では，水環境ガバナンス，災害リスク回避，地域づくりといっ

た政策を念頭において，水の恵みや災いに対処する社会の動向が論じられる。最終章である第 10 章では，初学者の参考になるよう，執筆者がそれぞれの，水問題に関する研究の視点を述べている。

2024 年 3 月吉日

牧野厚史・藤村美穂・川田美紀

目　　次

6

8

第1章

水から何をみるのか

牧野　厚史

1 環境社会学の視点

　本書は，水の問題に焦点をあてた環境社会学の入門書である。水の問題を取り上げる理由は，2つある。1つ目の理由は，本章の後の節で具体的に説明するが，世界的な水の危機が注目されていることがある。**水の危機とは，人間が使える淡水の量の不足や，さらなる水汚染の拡大**である。日本列島の淡水には，川や湖，水路や小川，さらに井戸や湧き水などがある。それらの水は，世界的な水の危機が伝えられるなか，はたして無事なのだろうか。この点を考えたいというのが，1つ目の理由である。

　2つ目の理由は，人間と環境との関係を考えていく上で，水が適している点である。日本列島の環境の特色として，**人間の生活に近い場所に水がある**という点があげられる。この特色は，降雨のパターンや量といった自然条件に規定されたというよりも，私たちが水に近い場所に住むという暮らしのスタイルを選んできたからだろう。このような水のある暮らしや水に生じる問題には，環境への人びとのかかわり方の特徴や社会の仕組みがあらわれている。したがって，水の問題を通してそれらの特徴や社会の仕組みを把握することが，環境社会学を学ぶ有力な方法であることを理解できるだろう。本書では，とくに生活に近い場所にある水との関係の持ち方や水に生じている環境課題に焦点をあてて，環境社会学の視点（ものの見方や調べ方）を紹介することにしたい。

　では，環境社会学とは，何を研究する学問分野なのだろうか。環境社会学は，環境問題の社会問題化という事態をうけて，1970年代頃から，日本を含

めた世界の各地で研究が開始された比較的新しい領域である。環境社会学の名称の使用が始まったのはアメリカ合衆国からで，社会学者たちはこの名称を用いて，社会を取り巻く環境と社会との相互作用を研究する必要性を提起した（Catton, W. R. Jr. and Dunlap, R. E. 1978）。その後，環境と社会との関係を研究する環境社会学の考え方は，環境問題に関心をもつ世界各国の社会学者たちも採用することとなった（長谷川 2021：7）。

環境とは，人間を取り巻くものすべてという意味だが，社会学者たちが環境に関心を向けた理由には，2つの社会事象が関わっている。ひとつは，環境をめぐる人びとの葛藤で，もうひとつは環境悪化が生じる仕組みである。

人間による環境改変がもたらす環境問題は，多くの場合，立場の異なる人びととの間に葛藤をもたらす。公害でいえば，加害の側と被害の側との葛藤があるし，原子力発電所設置や，災害復興などの環境改変では，葛藤する人びとの範囲はずっと広くなる。それらの人びとの葛藤を引きおこす環境問題の仕組みを分析し，人びとが納得できる解決方向を考えていくには，人間関係の学である社会学の考え方が必要である。

もうひとつの環境悪化は，20世紀の後半から目立つようになった環境問題である。環境をよくしたいという人びとの願いにもかかわらず，大気汚染のような環境悪化が生じている。気候変動や海洋プラスチック汚染も，その中に入れてよいだろう。環境悪化の直接的な理由は，多数の人びとによる環境と資源の過剰な利用である。だが，過剰な利用の根底には，非協力という人間関係がある。たとえば，「共有地の悲劇」とは，環境と資源の過剰な利用が生じる仕組みを人びとの非協力から述べようとしたものである（Hardin, G. 1968）。住宅地の工場が出す煤煙や，自動車からの排気ガスによる大気汚染も，非協力という人間関係が引きおこす問題である。そうだとすれば，人間同士の関係を分析する方法をもつ社会学にできることは多いはずである。日本の環境社会学には，環境悪化の問題を扱った研究が数多くある[1]。

環境問題（公害，大規模開発，環境悪化）は，産業化にともなう社会の変化の中で生じた，近代社会の問題だと考えられることが多い。たとえば，近代化・

工業化の中で生じ世界に普及した大量生産―大量消費という経済成長の仕組みが，大量採取による資源の枯渇や，大量廃棄による環境汚染等の環境破壊を引きおこしている，そのように理解されている。だから，環境破壊をもたらす今の経済社会の仕組みを，研究上の進歩がいちじるしい，自然科学と人文・社会科学にまたがる環境科学の知見を用いて，よりサステイナブル（持続可能）なものにしていく政策や環境保全の活動が必要になる，そのようにも考えてきたのである（環境省　2013）。

　もちろん，こうした指摘が誤っているわけではない。ただ，水の環境問題については，少しばかり事情が異なる。水の環境悪化には，水を保全してきた人びとの力の衰えにも理由があるのではないか，そのようにも考えられるようになってきたからである。しかもその人びとの力は，前近代の近世とくらべても衰えが目立つのではないか，そう考える研究が登場している。

　この点を明瞭に指摘した研究者に，近世の村落史に詳しい渡辺尚志がいる。渡辺は，近世農村の百姓の水争いについての研究を踏まえて，現代の水と人との関係は，近世よりも後退した面があるのではないか，という趣旨の問題提起をしている。

　　農業用水を得るのも，水害を防ぐのも，（近世の：牧野）百姓はみな自分たちでやっていたのです。それは手間も金もかかる大変な仕事でしたが，百姓たちが生きていくうえでは不可欠な作業でした。そして，百姓たちは，こうした作業を通じて，自然と付き合う知恵を身に着け，生活者として成長していったのです。何も考えずに水道から水を飲み，治水は行政に委ねている現代人よりも，江戸時代の百姓のほうが，水についての実践的知識は豊富だったといえるでしょう（渡辺　2014：6-7）

　渡辺は，近世の庶民生活研究の立場から，近代化・工業化の中で環境破壊の力が大きくなってきて環境問題が生じたという，私たちが学校で習ってきた常識的な説明を相対化している。渡部の指摘を少し深読みすると，次のように理

解できる。水のような，日本列島の人びとが古くから関わってきた，人間の生命線ともいうべき環境に生じる問題では，現代の人びとの環境を維持していく力が弱くなってきたことも，問題の深刻化，先鋭化の一因ではないかという問題提起として理解できるのである。

　渡辺は，もちろん，近世が理想的なエコロジカルな社会であったなどとは述べていない。水田を中心とした農業開発が進んだ近世は，人びとにとってはむしろ水資源の価値が高まり，その希少化が問題となった社会であった。また，こうした山野の農業開発の動向とも連動しながら，水の災害も頻発していた。そうであるからこそ，百姓たちは，自分たちが関わる水の恵みと災いに関心を向け，試行錯誤を通じて水と関わる知恵を蓄積したというのである。

　では，環境社会学という現代社会の研究は，このような日本列島の人びとの歴史からの問いかけに，どのように答えられるだろうか。その答えについて考えを巡らせるためには，環境破壊を引き起こす日本社会のような大きな社会の側から，水を守り災害を防ごうとしてきた人びとの日常生活レベルの小さな活動の側に視点を移動させる必要がある。その際，水保全の力の弱体化のひとつとして考えられるのが，**水と人との関係の疎遠化，ことに湧水や川のような身近な水の環境を利用してきた人びとの水との関係の疎遠化の問題**だと，環境社会学者の鳥越皓之は指摘する（鳥越　2012）。

　水と人との関係の疎遠化の問題は，環境改変や環境悪化などの過剰利用とはことなり，井戸水のような小さな水利用の場所で生じる現象である。しかし，水はつながっているので，その影響は，河川流域という広域的な社会空間までのさまざまな空間スケールで，あらわれることもある（第3章）。水との関係の疎遠化の影響は気づかれにくいし，自然科学の側の研究も多くはないが，日本列島の人びとの環境へのかかわり方を大きく変えてしまう可能性をもっている。その変化のマイナス面は現場でもみえ始めており，マイナス面に対処するための人びとの多様な活動が立ち上がっている。以下では，水と人との関係の疎遠化という傾向の下で，日本の水環境の将来に点滅し始めた黄色信号の中身をみてみよう。

Practice Problems 練習問題 ▶ 1

　あなたにとって，今もっとも気になる環境問題とは何だろうか。他の人と具体例をあげて，その問題性とは何かについて話しあってみよう。

2 今，世界と日本の水はどうなっているのか

　20世紀の末以降，世界的な水の危機に研究者の関心が高まっている。では，水の危機が生じている理由とは何だろうか。

　地球は水豊かな惑星であるが，その水のほとんどは海水であり，人間が利用できる淡水は，ごくわずかしかない。その貴重な淡水が，人間活動に使う水の量の増加により，今後大幅に不足することが予想される。さらに，もうひとつ，不安な材料がある。近代化・工業化にともなう水汚染の拡大によって，飲料水の質が劣化していることである[2]。

　ただ，国際連合（United Nations）などの国際機関が発信する水の危機の情報は，南の国々の事例が多く，偏りもある。そこでは，人口の増加や農業や工業の伸びにより，水への需要が急激に拡大しつつあるので問題の生じる仕組みが見えやすいからだ。こうした南の国々の人びとの水の課題はもちろん重要だし，農産物等の食料や木材などの大半を輸入に頼っている日本の人びとの暮らしとも無関係なことがらではない。水とかかわる日本の農畜産物輸入の多くは，アメリカ合衆国，カナダ，オーストラリアなどであるが，食料のかたちで間接的に大量の水（仮想水＝ヴァーチャルウォーター）を輸入する水輸入大国だという指摘は，あたっている面がある（沖　2016）。

　この国際的な水の問題は，国内的な日本列島の水の環境問題と関連させてはじめてその全体像がみえてくる。そのことを教えてくれるのが，水とかかわる森林や草原，農地，川，湖，海といった自然環境を利用してきた農林漁業従事者の急速な減少である。たとえば1960年に約1,175万人もいた農山村の農民（基幹的農業者）の数は，2020年には約137万人にまで減った。また，林業の従事者や，川や湖，海の漁師の数も激減している。漁師たちに話を聞くと，ど

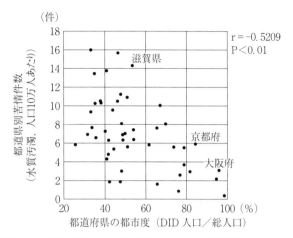

図1-1　都市度別，水質汚濁についての苦情件数（2020年）

注）「公害苦情調査」の自治体別データを公害等調整委員会事務局より提供していただき，水質汚濁に
　　ついての苦情とカウントされているもの全て（総数6,118件）について再集計し作成した。した
　　がって，公表されている公害苦情調査の水質汚濁の苦情件数とは一致しない。
出典）公害等調整委員会事務局　令和2年度「公害苦情調査」

こでも返ってくる答えは同じで，魚介類がとれないのだ，という。約半世紀の
間に生じた農林漁業従事者の激減は，日本の人びとと日本列島の自然環境との
今後の関係を大きく変えていく可能性がある。

　にもかかわらず，日本の人びとが水問題への関心をもちにくく，あるいは，
遠い他の国々の問題のように感じているとすれば，それは，私たちの暮らしに
おける身近な水との関係が，疎遠化（水への関心低下）しつつあるためかもし
れない。より丁寧にいうと，人びとの水への関心が低下しつつあるために，自
分たちが日本の各地で直面し始めている水の課題が，みえにくくなっているか
らかもしれない。

　水と人との関係の疎遠化を，間接的ながら裏付けるデータがある。それは，
川や湖などの水質について自治体が受け付けた，住民からの苦情の数である。
水質への苦情は，全体としては減少しつつあるが，水環境がよくなったから苦
情が減ったと考えるのは，素朴すぎる。それは，大都市ほど，住民からの水質
への苦情が少ないという事実が知られているからである。図1-1をみてみよ

う。そうすると，市街地に住む人びとの割合が大きい自治体では，水質への苦情件数が少なくなっている，という傾向があることがわかる。

　これは，水質の実態とはもちろん異なる。たとえば，琵琶湖・淀川水系の上流の滋賀県と下流の大阪府とをくらべると，上流の滋賀県の方が，下流の大阪府よりも水質への苦情件数が多くなっている。これは，大阪府民が飲み水として使う上流の琵琶湖の水が，大阪府の川よりも汚れているということではない。それは，政府が公表する水質についての測定データでも確かめることができる。そうだとすると，苦情件数の減少傾向は，少しも喜ぶべき事態ではないのかもしれない。それは，水と人との関係の疎遠化を示している可能性が大きいからである。もし，そうだとしたら，今日本列島に住んでいる人びとはもちろん，将来の世代の人びとにも，とても危うい事態が進行しつつあることになる。

　では，水と人との関係の疎遠化は，どのようなマイナスの問題を引き起こすのだろうか。このマイナスの問題については，少し立ち入った考察が必要である。というのも，私たちは漠然とだが，環境問題とは，人間による環境の過剰な利用の問題だと考えているからである。そこで，この問題の研究の歴史を少しひもといてみよう。

3　水と人との関係の疎遠化が引き起こす環境問題

　近畿圏の大水源地である琵琶湖では，1970 年代の後半から 80 年代の初頭にかけて，水質の悪化が表面化し，大阪市など，下流大都市を含む流域の人びとの注目を集める社会問題となった。当時は，日本列島各地の河川で，政府による大都市の水需要の増加をまかなうための水資源開発が実施されており，琵琶湖地域でも，大規模な開発事業が進行中だった。その貴重な水に異変が生じたのだから，大きな問題になったのである。

　水質悪化が注目されたもうひとつの理由は，公害という被害の問題から，公害を含む環境悪化への問題の広がりに気付かれたことがある。その中で，それまで産業活動の被害者とされがちだった普通に暮らす人びとが環境悪化の要因

となっていることが注目された。琵琶湖における水質汚濁問題の顕在化は，生活排水が直接的な原因となった点で，環境問題の広がりを象徴する事件だった。湖の周囲の大半は農村地帯で，水汚染を引きおこす工場もなかったから，汚濁の要因が，湖の周囲の農村から排出された生活排水中の栄養塩であることは，理解しやすいことがらだった。

　ただ，琵琶湖の水質の悪化には，謎もあった。湖の周囲には歴史の古い集落が多く，集落からの生活排水は，昔から湖に流れ込んでいた。にもかかわらず，20世紀後半まで栄養塩の流入がそれほどふえなかったのはなぜか，という謎である。

　その謎の一端を解いてみせたのが，集水域農村での社会学者たちを中心とする共同研究だった（鳥越・嘉田編著　1984）。社会学者たちは，湖水を中心とした窒素やリンなどの物質循環ではなくて，湖岸の農村で生活する人びとの水との関係の持ち方に関心を向けた。その結果2つの事実がわかってきた。

　ひとつ目は，ほとんどの集落では，小河川や水路などの限られた量の水を利用していた点である。つまり，水は限られており，その限られた水を使う組織的な工夫をしてきたことになる。工夫とは，飲用水の利用から排水まで，水の出入り全体に，住民たちが組織の一員として注意を払う仕組みである。それは水利用の文化とよんでよい。その文化が集水域の農村にあったことが，農村の下流にあたる琵琶湖の水質保全にも一役買ってきたことになる。

　ところが，琵琶湖の周囲の農村に調査に入った社会学者たちが知ったのは，生活排水の行方に関心をもたなくなった人びとの姿だった。それまで身近だった水と人との関係が，急速に疎遠化し始めていたのである。疎遠化の契機となったのは，戦後から高度経済成長期にかけて普及した水道への切り替えによるものだった。これがわかってきたもうひとつのことがらである。

　社会学者たちは，上水道への切り替えによる小河川・水路の利用の減少が，身近な水への関心の低下をもたらし，水環境を維持してきた人びとの結束を弱め，その結果，下流都市の人びとの水源となっている湖水の富栄養化を促進させたと結論づけた。川の水の利用が減り，川にはたらきかけてきた人びとの組織が弱体

化して水との関係の疎遠化が起きたのである。この状況は，上水道の普及率の高まりとともに，全国に広がり，湧水や川の環境悪化を促進したと考えられる。

　全国的な水との関係の疎遠化による水の環境悪化を考えると，高度経済成長期以降，一部の地域で，身近な水の荒廃をなんとかしたいという，水環境再生の活動が始まった理由も理解できる。そのような活動としては，たとえば，滋賀県近江八幡市の八幡堀の再生の活動がある（かわばた　1991）。また，福岡県柳川市の堀割再生の活動もよく知られている（広松　1987）。

　歴史的環境保存に詳しい環境社会学者の堀川三郎は，八幡堀の再生活動等を町並という生活空間の保存活動として紹介している。堀川は，こうした都市住民による水環境再生の活動を，自分たちの居住地が，置き換え可能な「空間」へと変貌していく中で，これを拒否し，住民の記憶と結びつく置き換え不可能な「場所性」の意義を問いかける活動だとしている（堀川　1998：127）。

　この指摘は，町並み保存にとっての水環境再生活動の効果を適切にとらえているといえる。その一方で，それらの動きが，住民にとっては，町並み保存のかたちをとりながら，水と日常生活との関係の組み直しという側面をもっていたことも見逃せない。それらの活動は，素晴らしい町並みを残す活動であると同時に，生活から離れてしまい，荒廃してしまった身近な水をなんとかしたいという，水への関心が出発点になってもいたからだ。

　このような，水と人との関係を組み直す活動は，今では，よりカジュアルな形で広がりをみせている。それは，労働・ツーリズム・ガバナンス・災害リスク・地域づくりといった機能ごとに分化した領域が，水を介してゆるやかに社会化されていくプロセスである。本書の各章がテーマは異にしていても，活動の裾野に重複がみられるのは，このような現代的な水と人との関係の組み直しをリアルに切り取っているからである。では，農林漁業者の減少や，上水道の普及など，水と人との関係を疎遠化させる条件がそろっているにもかかわらず，こうした組み直しがなぜ，現代の日本の各地で広がっているのだろうか。それぞれの活動の詳しい内容は，各章にゆずるとして，ここでは，その根拠を，私たち自身の水と関わってきた経験について掘り下げながら考えてみよう。

　あなたの町には，水道以外に飲める井戸水や湧き水はあるだろうか。もしなかったとしたら，いつごろ，なぜ姿を消したのかを80代以上の方に聞いてみよう。ちなみに約70年前の1950年の水道普及率は，26.2%だった。

4 「水がある」状態はどのように維持されてきたのか

　今，世界では水不足が懸念されている。そこで念頭におかれているのは，「水がある」状態である。それは，どのような状態を指すのだろうか。人びとが自由に好きなだけ水を使える状態なのだろうか。それとも，もっと別のことを指しているのだろうか。

　私たちの経験からみえてくるのは，どうやら後者のようである。子供の頃に，「水を大切にしなさい」とか「水を無駄遣いしてはいけない」といわれたことを覚えている人もいるはずである。実際，政府が実施している世論調査の結果をみると，「水とのかかわりのある豊かな暮らし」とは何かという設問に対して，「安心して水が飲める暮らし」と回答した人の割合が最も多くなっている。それに比べると「いつでも水が豊富に使える暮らし」と回答した人の割合は，かなり低い（第7章図7-1）。水が豊富に使えることを「豊かな暮らし」とみなすことに，なにかしら諸手をあげて賛成できないものを感じる人びとが多いからだろう。その感覚は，不安定ではあるけれども，日本列島で生活する人びとの水と関わる生き方といい直してもよい。

　私たちは，どうして，アジアモンスーン域という，水豊かとされる地帯に住みながら，「足るを知る」生き方を身につけたのだろうか。[3]難しい問いだが，探してみると，こうした関心に合致する見解がみつかる。それは，人類史を扱う自然人類学の研究者である，西田正規の見解である。移動生活を行う狩猟民のフィールドワークもしてきた西田は，水のような身のまわりの環境を利用する際のルールを守る生き方は，人びとが定住生活を選んだ時に必要となったのではないかという面白い仮説を提起している。この仮説が興味深いのは，水の保全における村落等のコミュニティの役割を示唆するからである。

　西田の指摘がユニークなのは，旧石器時代の移動中心の生活様式（遊動生活）から，縄文時代の定住生活という生活様式への移行を，狩猟から農業へという発展段階で説明するのではなくて，氷河期の終焉と温暖化による自然の変化に生き方を適応させた人間の戦略だと考えた点にある（西田　1986）。西田は，人類と祖先が同じ類人猿の習性をふまえて，次のように説明する。「不快なものには近寄らない，危険であれば逃げていく。この単純きわまる行動原理」こそが，高い移動能力をもつ動物の基本戦略だというのである（西田1986：12）。さらに，人間を含む霊長類が進化の中で採用してきたこの戦略のメリットは，環境汚染の回避だっただろうという。

　一方，定住生活においては，環境汚染回避のための戦略を意識して変える必要性がでてくる。自分たちの住む場所を清掃したり，ゴミ捨て場を設けたり，便所を設置して環境汚染を避ける必要がある。ただ，長期にわたり遊動生活を続けてきた人類にとっては，行動パターンの変更は容易ではない。「幼児に対して，まず排泄のコントロールを，そしてゴミの処理について，数年にもわたってしつこく訓練しなければならないのはそのため」だというのである（西田1986：25-26）。

　この指摘を，水との関わり方に引きつけると，次のようになる。遊動生活だった旧石器時代までの人びとには，水源を探す苦労はあっても，水を汚すことにはあまり注意する必要はなかったかもしれない。だが，集団による定住生活では，事情が異なる。その居住の集団を小さなコミュニティとよぶと，イメージはより明確になる。日本列島では，人びとは水豊かな場所に住みついたといわれているが，飲み水を含む生活に必要な水の維持には，コミュニティのレベルで水汚染を避ける工夫が必要とされたはずである。生活に必要な水の確保は，生存戦略ではなくて，定住生活を選んだ人間たちが，環境の不快を避けるためにコミュニティの生活を通して生み出した，文化だといえるのである。

　西田の見解は，30年も前に発表された説なので，現代の研究水準に照らしてどこまで検証可能かはわからないが，水と人との関係には，当てはまる点が多い。琵琶湖周囲の農村において，水道導入以前にあったコミュニティ（＝村

落）の用排水システムを維持してきた人間同士の関係もそうである。このシステムを調べた環境社会学者・環境民俗学者の古川彰は，村落の伝統的な水の使い方では，用水と排水がセットになっていることで，水の清浄さが保たれてきたという。

　　伝統的システムでは，用水と排水を現在よりずっと注意深く区分しなければ，いつでも排水が用水にまぎれ込む危険があったからである。しかも，自分の排水はすぐ次には他の人の（下流民の）用水であり，それは永遠の連鎖であった。また，その連鎖はこの目ですぐ確かめ得るものであった（古川 1984：242-243）。

この指摘からもわかるように，人間たちが集団で水を使うことは，水を汚すことでもある。汚れを無秩序に放置すると，人びとの健康は危険な状態になるかもしれない。したがって，自分たちで，水汚染回避のルールを設けることによって，使える「水がある」状態を維持してきたことになる。これは，西田のいう定住という生き方の基本戦略とも合致する。

　一方，コミュニティの水利用のルールには，秩序維持には反しているような面白い特徴もみられる。それは，小さなオキテ破りをコミュニティの人びとが許容する傾向である。たとえば，夏にこどもたちが水源の泉水に入って遊ぶことがある。その場合，大人がとがめる場合もあるが，そうではない場合もある。民俗学者の湯川洋司は，小さなオキテ破りが制度化されている興味深いケースを，自らの体験として記述している。

　　私が育った昭和三〇年代の神奈川県西部の田舎では，子どもが小川の川端から小便をする姿が日常的にみられた。今では非難されそうなおこないとはいえ，男の子の間ではごく自然な行動になっていた。ただしその場合には一つの約束事があり，「川の神さんどいてくれ，小便するからどいてくれ」と唱えながらするものであった。この作法は大人から教えられたものではな

く，遊び仲間のなかでおこなわれ自然に伝えられていった。（中略）川は大事なもので，また水も本来は汚すことの許されないものであるという感覚は養われていたように思う。そして，この言葉を子どもたちが口にしながら用を足すその数十メートル先では，さまざまな洗いものをしている人の姿があるのもまた普通のことであった（湯川　2008：3-4）。

　こうした水利用の小さなオキテ破りは，環境社会学の中でも，その重要性を指摘している研究がある（川田　2006）。経済状態の異なる多様な人びとが共に生きていくためには必要なことだというのである。コミュニティの人びとの軽微なルール違反者への態度は，水利用のルールが，生存のオキテというよりも共同生活のためのものだということを教える。いい換えると，水利用のルールとは，定住という生き方を選んだ人びとが，コミュニティの人間関係を基盤に創り出した文化なのである。

　したがって，人びとは，文化としての水利用のルールに，それぞれのコミュニティで望ましいとされる価値の実現を盛り込めることにもなる。価値の内容は，信仰や，遊びなど，さまざまである。最近になってコミュニティ政策として注目されるようになった，井戸端会議もそのひとつといえるかもしれない（野田　2023）。それらの試みが可能なのは，水利用のルールが生存のオキテではなくて，人びとが創造した文化だからである。

　川や湧水を，村落の共同利用地と同様に，コモンズ（コミュニティのみんなのもの）として分析する研究があるのは，この望ましい利用を維持するルールの創造性に注目しているといえる（菅　2006；鳥越　2012）。

⑤ 現代コミュニティの水利用とその課題

　以下では，熊本地域の上流にあたる阿蘇地域を取り上げ，コミュニティの水利用の事例をみてみよう。この地域では，牧畜と農業を組み合わせた有畜農業を営む人びとが多かったが，農山村のコミュニティの人びとにとっての「水が

ある」状態について紹介しよう。図 1-2 は，南阿蘇村の集落の水場で，女性が川で大根を洗っている風景である。まるで昔話の「桃太郎」のような風景だが，熊本県域には，こうした湧水利用がかなり維持されている。熊本市内から水汲みに来る人がいたり，地元の子どもたちが暑い夏，湧水をおいしそうに飲んでいたりもする。阿蘇地域には，水汚染が進まず，湧水を今もそのまま飲用にできる場所も多いのである。

多くの場合，湧水を管理しているのは集落の自治組織で，月に 1 度，湧水地の掃除をしている地域も多い。ある時，地元の人が掃除している湧水を訪ねると盛り塩があったので，理由を尋ねたことがある。その答えは，湧き水には「水神様がいるから」というものだった。水利用と信仰が重なっているのである。信仰と結びついた地元のコミュニティの人びとによる湧水管理が続いていることが，阿蘇地域の人びとと水との関係の疎遠化を防いだ要因のひとつと考えられるのである。

水が守られているもうひとつの理由として，山の利用も指摘できる。阿蘇の湧水は，山麓斜面の崖下から湧き出ている。その涵養域は，背後の山野に広がる牛の放牧地である。阿蘇地域では，畜産農家でつくる牧野組合が放牧地を管理してきた。湧水の函養域である牛の放牧地の多くは個人の所有地ではなく，

図1-2　水場で大根を洗う住民
（奥が水汲み場　熊本県南阿蘇村）

出典）筆者撮影

住民たちみんなの共同利用地となっている。牧野組合や集落の人びとの合意が
なければ，勝手に開発できなくなっている。

　この点も，使える水を維持する上で重要である。裏山の開発により土壌が汚
染され，水が飲めなくなった地方もあるからだ。湧水の涵養域である放牧地が
共同利用地として守られてきたことが，阿蘇の使える水が維持されてきた要因
のひとつだといえる。田畑を耕しつつ，共有地である牧草地で牛を放牧する生
活のスタイルが，水源である湧水の保全につながっているのである。

　ただ，不安材料もないわけではない。阿蘇地域は，かつては数頭の牛を飼育
する小規模な畜産農家がほとんどだった。ところが，1960年代以降の農業近
代化で規模の拡大が進み，牛の数は増えたが，牛を飼う農家の数は減りつづけ
ている。草原を維持するための野焼き作業が難しくなるなど，湧水の維持に必
要な草原も課題に直面していることは事実である。

　そこで，人びとの管理によって維持される湧水の現代的意義にも触れる必要
がある。それは，災害等の緊急時のバックアップ水源としての役割である。生
活用水のみならず飲料水にも使える湧水があることは，災害時の脆弱性の縮減
に大きく貢献している。地域の水が信頼できるかできないかで，災害への備え
も変わるといってよい。

　他方で，水はわざわいの原因にもなる。阿蘇地域には，水が関わる災害も多
い。その災害のひとつに，土石流がある。その被害防止のために，環濠集落の
ように空堀をめぐらせている地域がある。こうした工夫は，災害への知識を伝
承しているからで，人びとが水と疎遠化していない結果だといえる。この点も
集落生活の中で伝えられてきた，水利用と関わる文化のひとつである。

6　流域という広がりで「水がある」状態はいかに維持されるか

　次に，コミュニティよりも広域的な，流域という空間スケールで展開される
都市の人びとの水の使い方に話題を移そう。日本の大都市は，水源に乏しい。

そのこともあって，高度経済成長期における都市化の時代ほどではないかもしれないが，水の不足による給水制限の可能性＝水不足のリスクを常にかかえている。その中でも，熊本市を含む熊本地域は地元水源をもつ珍しい地域であり，その水の使い方は，水の環境問題についての社会学的な研究方法の重要性を教えてくれる。

　まず，熊本地域の水の使い方のあらましを説明しよう。阿蘇地域から流れだす白川の下流にある熊本地域の人びとが利用する水は，川の水ではない。飲み水，オフィスや企業活動の水をすべて地下水でまかなっている。この地域の人口集積の中心は，70万人を超える政令指定都市，熊本市である。熊本市をふくむ熊本地域の地形は，阿蘇の火山活動によって地下水がたまりやすい地層になっているために，山地に降る雨水や河川水の浸透による地下水が豊かだ。こうした条件があったことで，市民が使用する水のすべてを地下水でまかなえたと自然科学の研究者は指摘する（嶋田　2004）。

　しかし，豊富な地下水も，使いすぎると減ってしまう。雨水や表流水が浸透して補給される量以上に水の使用量を増やせば，地下水は不足してしまう。しかも，川にくらべると，地下の水の流れは遅く，雨が降ってもすぐには水の量は回復しない。そのこともあって，熊本地域は，地下水の不足の危機に何度も見舞われてきた（守田　2012）。

　もちろん，熊本県や熊本市などの自治体も，無策だったわけではない。熊本地域の地下水は，企業をはじめとする事業者や上水道事業者が使用している。そのため，熊本県や熊本市は，1970年代の末頃から，地下水利用者の水の使い方を，条例等で規制しようと試みてきた（千葉　2019）。

　ただ，アメリカ合衆国の著名な政治学者，エリノア・オストロムが，地下水の持続的な利用について論じているように，みんなのものという理想の鼓舞だけでは，水の汲み上げ競争がもたらす「共有地の悲劇」に打ち勝つことはできない（Ostrom　1990＝2022）。そこで，アメリカ合衆国でも日本でも，地下水保全の試みは，地下水の涵養量の確保に向かうことになる。オストロムは，アメリカ合衆国のロスアンゼルス大都市圏に設定された地下水涵養区（雨水や表

流水が浸透し水を補給するエリア）をめぐって，事業者（水道会社，工業等の生産企業，農業者）が行った交渉過程を分析している（Ostrom　1990＝2022：133-136）。

　熊本地域の場合も，地下水の調査研究の進展や，地下水の保全組織の設立過程で，利用規制のみでは水不足に対処し得ないことがわかってきた。地下水の水の量は，火山の恵みという自然条件だけではなくて，森林や田んぼ等の土地への人びとの働きかけ方も左右する。そのため，保全の制度が整った21世紀初頭には，雨水浸透に重要な森林や田んぼ等と関わる人びとと連携して，地下水の量を確保する施策が始まった。

　熊本地域の地下水保全の組織がとくに重視しているのは，阿蘇から流れ下る白川の水で灌漑されるザル田の存在である。ザル田とは，ザルのように水がしみ込みやすい水田のことである。農家にとっては，大量の水が必要となる手間のかかる水田だが，浸透した水は地下水となる。だからザル田維持は，地下水を守る上で重要になってくるのである。そこで熊本市や企業は，ザル田での農業を続ける農家に，補助金を出したりしている。

　もっとも，農家との水保全についての協力は，すべてがうまくいっているわけではない。あまりうまくいっていない点のひとつに，地下水の汚染がある。地下水汚染の拡大には，さまざまな理由があるが，熊本地域で注目されているのは，生活排水や化学肥料，畜産廃棄物の不適切な処理による，硝酸性窒素による水汚染である。熊本県，熊本市は，この点について農家への協力をよびかけているものの，あまりうまくはいっていない。

　こうした阿蘇および熊本地域の水と人との関係は，水保全の問題が，人と人との関係に左右されることが大きい点を教えてくれる。少しきつい言い方をすれば，水道普及率の高い日本の大都市の水供給は，けっして安定しているわけではない。それは，水道システムをはるかにこえた規模の，流域という空間での人びとの関係によって支えられているからである。しかも，この広がりは，気候変動の影響もあって，水の災害においても考慮すべき空間となっている。

　ただ，難しい問題もある。熊本地域の自治体は，地下水という自己水源をも

つ点で，日本の多くの大都市とは異なり，水の政策についての自立性をある程度備えている。熊本市が，「国連"生命の水"最優秀賞」を受賞し，水の政策で全国的に名前が知られているのも，そのためである。ただ，肝心の市民の水への関心はどうかというと，水源の保全についての関心はそれほど高くはない。熊本市が市内の満20歳以上，満70歳未満の市民に対して行っている「『節水市民運動』に関する市民意識調査」（無作為抽出によるサンプリング調査）によると，水源が地下水であることについては，86.2％が知っていると答えているものの，地下水の量の減少や，水質悪化について知っていると答えた市民の割合は20％程度である[4]。このように，水源（地下水）が抱える問題については，今のところは，行政サイドで考える問題になっている。もちろん，地下水保全の政策として，地下水の涵養域にあたる上流の水田で，都市の人びとによる田んぼオーナー制度の取り組みを行うなど，地下水保全の組織も努力を続けている。ただ，独自水源をもつ熊本地域においても，都市部での水と人との関係の疎遠化は，今のところ，解消の方向には向かっていないのである。

　以上みてきたように，水と人との関係の疎遠化は，農業や工業の伸張や都市化によって生じる水不足の問題，高度経済成長期に公害の問題として顕在化した工業化による水汚染の問題に匹敵する，第3の水の環境問題の出現であることがわかるだろう。

　そのような状況の下で，人びとが，水道システムの外側にある，川や湖，湧水などの身近な水とどのような新しい関係を築こうとしているのか，また，社会の大きな動きとかかわらせて水と人との関係の現状を理解することが，日本列島の人びとの水の将来を左右する重要な課題であることは納得できるだろう。水との関係の疎遠化という環境問題と関連する動きとして，流域全体の政策のレベルでは，NPOを主体とした水環境ガバナンス（第7章）と，災害リスクへの対処の動向（第8章），さらにコミュニティレベルにおける地域づくりという小さな動き（第5，6，9章）が，今みえている，水と人との関係を組み直す主な活動だといえる。

✏ **注** ⋯⋯⋯⋯⋯⋯⋯⋯⋯⋯⋯⋯⋯⋯⋯⋯⋯⋯⋯⋯⋯⋯⋯⋯⋯⋯⋯⋯⋯⋯⋯⋯⋯⋯⋯⋯⋯⋯⋯

1) 日本の環境社会学の特色や問題関心を一覧するには，少し古いが，飯島伸子ほか編，2001，『講座環境社会学』（全 5 巻）有斐閣が便利である。また，研究テーマを知るには鳥越皓之・帯谷博明編，2017，『よくわかる環境社会学（第 2 版）』ミネルヴァ書房が読みやすい。

2) 世界の水問題の動向については，ユネスコが出版している，"The United Nations World Water Development Report"（年 1 回発行）を参照のこと。

3) アジアモンスーン域といっても，すべての地域が水に恵まれているわけではない。その複雑な状況を知るために，第 2 章でドライゾーンの広がるスリランカ農村，さらに多雨地帯のインドネシアやラオス農村の水問題の事例を紹介している。

4) 熊本市，2023，「令和 4 年度『節水市民運動』に関する市民意識調査結果」（2024 年 1 月 19 日取得，https://www.city.kumamoto.jp/common/UploadFileDsp.aspx?c_id=5&id=20544&sub_id=11&flid=336468）

● 本章の図作成には，熊本大学大学院生徐雯雯の助力を得た。

📖 **参考文献** ⋯⋯⋯⋯⋯⋯⋯⋯⋯⋯⋯⋯⋯⋯⋯⋯⋯⋯⋯⋯⋯⋯⋯⋯⋯⋯⋯⋯⋯⋯⋯⋯⋯⋯⋯

Catton, W. R., Jr. and Dunlap, R. E., 1978, "Environmental Sociology: A New Paradigm," *The American Sociologist*, 13 (1): 41-49.（＝長谷川公一抄訳「環境社会学―新しいパラダイム―」，淡路剛久ほか編『自然と人間』（リーディングス環境 第 1 巻）有斐閣：339-346）

千葉知世，2019，『日本の地下水政策―地下水ガバナンスの実現に向けて―』京都大学学術出版会

Hardin, G., 1968, "The Tragedy of the commons," *Science*, 162 (3859).

長谷川公一，2021，『環境社会学入門―持続可能な未来をつくる―』筑摩書房

広松伝，1987，『ミミズと河童のよみがえり―柳川堀割から水を考える―』河合文化教育研究所

堀川三郎，1998，「歴史的環境保存と地域再生―町並み保存における『場所性』の争点化―」舩橋晴俊・飯島伸子編『環境』（講座社会学 12）東京大学出版会：103-132

古川彰，1984，「川と井戸と湖―湖岸集落の伝統的用排水―」鳥越皓之・嘉田由紀子編『水と人の環境史―琵琶湖報告書―』御茶の水書房，241-277

環境省，2013，『平成 25 年　環境白書・循環型社会白書・生物多様性白書』

かわばたごへい，1991，『まちづくりはノーサイド』ぎょうせい

川田美紀，2006，「共同利用空間における自然保護のあり方」『環境社会学研究』12：136-149

熊本市，2020，「第 4 次熊本市硝酸性窒素削減計画」熊本市ホームページ（2023 年 9 月 21 日取得，https://www.city.kumamoto.jp/common/UploadFileDsp.aspx?c_

28

id=5&id=20313&sub_id=4&flid=220449）

守田優，2012，『地下水は語る―見えない資源の危機―』岩波書店

西田正規，［1986］2007，『人類史のなかの定住革命』講談社

帯谷博明，2021，『水環境ガバナンスの社会学―開発・災害・市民参加―』昭和堂

野田岳仁著・小田切徳美監修，2023，『井戸端からはじまる地域再生―暮らしから考える防災と観光―』筑波書房

沖大幹，2016，『水の未来―グローバルリスクと日本―』岩波書店

Ostrom, Elinor, 1990, *Governing the Commons: The evolution of institutions for Collective Action*, New York: Cambridge University Press.（＝2022，原田禎夫ほか訳，『コモンズのガバナンス―人びとの協働と制度の進化―』晃洋書房）

嶋田純，2006，「熊本地域の地下水―70万都市を支える地下水との共生―」『日本水文科学会誌』34(2)：81-90

菅豊，2006，『川は誰のものか―人と環境の民俗学―』吉川弘文館

鳥越皓之，2012，『水と日本人』岩波書店

鳥越皓之・嘉田由紀子編，1984，『水と人の環境史―琵琶湖報告書―』御茶の水書房

鳥越皓之・帯谷博明編，2017，『よくわかる環境社会学（第2版）』ミネルヴァ書房

渡辺尚志，2014，『百姓たちの水資源戦争―江戸時代の水争いを追う―』草思社

湯川洋司，2008，「流域の暮らしと民俗」湯川洋司ほか編『山と川（日本の民俗2）』吉川弘文館：1-37

自習のための文献案内

① 長谷川公一，2021，『環境社会学入門―持続可能な未来をつくる―』筑摩書房

② Ostrom, Elinor, 1990, *Governing the Commons: The evolution of institutions for Collective Action*, New York: Cambridge University Press.（＝2022，原田禎夫他訳，『コモンズのガバナンス―人びとの協働と制度の進化―』晃洋書房）

③ 鳥越皓之，2021，『地元コミュニティの水を飲もう―ポストコロナ時代のまちづくりの構想―』東信堂

　①は，日本の環境社会学がどのように学問分野としての歩みを進めてきたかをコンパクトに解説している。②は，環境社会学の研究書ではないが，コモンズと水との関係について，アメリカ合衆国の乾燥地帯の地下水利用をめぐる紛争から興味深い議論を展開している。③は，現代社会の大きな動向の中で，身近な水の利用を位置づけたブックレットである。ブックレットにしては分量があるものの読みやすい。

第2章

アジア途上国の水問題の諸相

Ariyawanshe I.D.K.S.D, 森本 実穂, 藤村 美穂

1 アジア社会と水

　アジアの多くの地域では，人間の定住が始まって以降，長い時間をかけて農業用水や生活用水として水を利用するシステムが形成され，その水が農地や森林を涵養することによって，まるで自然生態系であるかのように，地域の気候や動植物相，そして土地利用や景観をつくりあげてきた。しかし，近年の土地利用の変化や**人口増加**が人間と水との関係を変え，それが問題を引き起こしている例も少なくない。

　たとえば，ヒマラヤから流れ出る大河流域では，1980年代以降，水のヒ素汚染が深刻な問題になっている。これらの地域では，かつて海底だったヒマラヤの岩石に含まれたヒ素が長い年月をかけて大河に運ばれ，その中・下流域に堆積している。ヒ素は粘土層などに吸着されて地下に眠っていたが，20世紀の後半になって，人口増加や農業の集約化や表層水の汚染などへの対策として掘られるようになった井戸をつうじて地上に汲みだされ，土壌や農作物や住民の健康を脅かすことになった。ヒ素中毒の患者がとくに多いとされるバングラデシュでは，井戸水のヒ素濃度の測定やヒ素による健康への影響について，住民への教育や周知が行われているが，表層水の汚染をおそれたり，さまざまな社会関係の中で井戸を共有していたりする人びとの飲料水選択行動を変えるのが難しいことが報告されている。

　このように飲料水や農業用水の水質問題までには至らなくても，土地利用や水利用の変化が，恒常的な水不足のリスクや地域の生活環境・自然環境への悪

30

影響を引きおこしているところは少なくない。

　ところで，モンスーン・アジアの水問題に共通するのは，長い歴史の間に，水田農業を前提として水の循環が形成されたところが多いことである。そして，近年，その土地利用が変化することによって，水の循環に支障をきたしているという点である。しかし，その内容には，2つの大きな違いがある。農山村の人口減少が進み土地利用圧が少なくなっている，先進国の水問題と，農業に依存する割合が高く人口増加が続く，途上国の問題である。前者は，水の循環を支えてきた森林や水田や水路などの過少利用や管理放棄による問題，後者は，農村部の人口増加や商品作物栽培の導入などにともなう森林伐採による問題などに代表される。

　本章では，アジア途上国でどのような問題が生じているのかについて，フィールドワークの中で目にした3つの事例から紹介したい。

Practice Problems 練習問題 ▶ 1

　アジア途上国と日本に共通する水の使い方とは何だろう。また，それは現在に至るまでに，どのように違ってきただろうか。

2 辺境の少数民族が経験する水問題（ラオス）

　雨期と乾期の雨量の差が激しく，毎年のように台風に遭遇するラオス南部では，雨期の氾濫原でもある湿地付近は森林や水田が入り交ざっていることも多く，人びとにとって米，魚介類，薬草，キノコ類など多くの食物の安定的な確保源として重要な役割を担っている。

　東南アジアのラオス・ベトナム・カンボジアの国境地帯のうち，とくにラオス・カンボジアの側は，開発の遅れた地域であり，その結果として比較的豊かな自然が残されている地域である。そのラオス側にあるアタプー県には，いくつかの少数民族が居住しているが，それらの中には，内戦時代にラオスの北部や中央部から追われて，この地に住み着いた民族もある。また，山地での焼畑

を生業とする民族もある一方で，水田稲作の知識をもっている民族もある。オ
イ族とよばれる人びとは，水田稲作の伝統をもつ人びとであり，ベトナム戦争
時代までは近くの高原の中腹に集落を構えていたが，戦争が終わってからは平
地に下ってきて，山裾にいくつかの集落を作って生活している。

　ところで，オイ族の人たちにとっての水の重要性を実感させられるのは，そ
の食生活である。人びとは，山の中で暮らしていた当時から平野部に水田を拓
き，米と魚を中心とした食生活を営んでいた。水田稲作や自給用のネギや唐辛
子の栽培を行い，森林生産物であるタケノコやリスやトカゲや昆虫などと水田
や水路の魚やカエル，貝，ハスや種々の草類の採集を主な生業とし，労働力の
ある家は，それに家畜（牛や水牛）販売，野菜や果樹の栽培，農閑期の出稼ぎ
による臨時収入を加えて生計をたててきた。少なくとも 2016 年ごろまでは，
村にいる間は，朝から水路や川や森に出かけ，食糧を探すことが日常であっ
た。水田稲作についての経験が長いためか，田植えや稲刈りの共同，水路や水
門の共同管理などのシステムも存在し，稲作にまつわる儀式もおこなわれてい
ることについては，近隣のラオ族とも同様である。

　オイ族の生活を特徴づけているのは，ラオス語で Loum-pa（ルンパー）とよ
ばれる独自の**水田漁撈**の装置（以下養魚池）をもつことである。自分たちのこ
とを「魚を食べる人たち」と表現することからもわかるように，とくに魚はオ
イ族の生活の中でも重要な意味をもっている。養魚池は，水田の中の一番低い
部分に幅 4 ～ 10 メートル，深さ 4 メートルほどの 3 層構造の穴を掘り，下の
2 層の壁を板で覆い，上には柴を入れて魚が棲みやすくした構造物である。た
いていの水田には，ひとつか二つのこの装置がつくられ，その数は川から離れ
た内陸部の水田ほど多くなっている。水田に水が豊富にある雨期の間は水路や
川でも魚が捕れるため，人びとは養魚池を利用しないが，乾期になって水田や
水路の水がなくなると，残った水とともに魚が閉じ込められる養魚池は重要な
魚の供給源となる（藤村　2015）。

　生活にとって重要なものであるが故に，養魚池の数については水田や家畜の
数とともに村の統計記録に残されているとともに，その利用をめぐる慣習も定

図2-1　水田の中に作られた養魚池
出典）藤村美穂撮影

　められている。人びとは，水田の耕起前に養魚池からすべての水を汲み出して
中の魚を捕獲するとともに，底にたまった泥を出して壁の補強を行う。養魚池
をつくる人びとは，魚の種類や行動，魚が集まる木や草の種類，水の量や質の
変化についても敏感である。四季を通じて水田地帯を見渡すと，河川や幹線水
路には常に水があるが，水田や小水路は灌漑期にのみ水を湛えている。水田地
帯に生息する魚の多くは，これらの性格の異なる水域を移動して生活してい
る。養魚池はこれら自然の力をうまく切り取って利用する，人びとの知恵なの
である。

　このような水田と養魚池を中心とした彼らの生業は，毎年のように雨期と乾
期がめぐってくること，雨期には川や水路の水があふれて水田の中にも流れ込
むことが前提となっている。しかし，このような生活を大きく変化させること
になったのは，外から押し寄せてきた開発の波である。2006年からは，国境
を越えてベトナムの私企業による広大なゴム園，サトウキビ園の開発が，この
地に残された広大な森林地帯にやってきた。オイ族の人びとが暮らす川の対岸
である。それにともなって，森林は伐採され，ゴム園やサトウキビ園にかわり
つつある。

　安い賃金で働く少数民族を中心に，周辺の村の人びとは，木材の伐採や除

草，植林などの雇用労働に従事するようになり，学校が休みの期間は小学生も泊まり込みで働くようになった。オイ族のある村では，農園の準備作業中であった2013年には，小さな子供や妊婦，老人を除くほぼすべての村人が，10日契約で，泊まり込みでプランテーション農園で働いていた。

　現金収入が得られるようになったこと，それと時を同じくして，同じベトナム企業によるダム（電源）開発が行われたことで，多くの家では電気を使用し，冷蔵庫やテレビ・ラジオなどの電化製品を使うことができるようになった。携帯電話やテレビや冷蔵庫などの電化製品が驚くような勢いで村に入っている。トラクターを使う家も急増しつつあり，バイクも普及した。このようにして家財や現金を保管する家も増えた結果，村の建物も，木や萁蓆でつくられた壁からコンクリートの壁とドアに代わり，家の中にいながらにして，隣の家や道路を通る人の動向を知り，会話できる環境がなくなりつつある。

　その一方で，とくに高齢の人びとが憂慮し始めているのは，得られる食糧が減ってきたことである。気候変動による降雨パターンの変化，大規模な森林伐採による保水力の低下にともなう水不足や洪水の頻発，サトウキビ園の灌漑用に川の水をポンプアップするようになったため，田植え期に川の水がオーバーフローすることがなくなり，農繁期の水不足も深刻となった。川からは魚が激減しており，村のリーダーはその理由について，上流部で違法に行われる砂金とりによって，薬品（水銀と思われる）が使われているからだと考えている。このようにして水の循環がかわったことは，米の収量にも影響を与える。村のリーダーは，近年の自然環境の変化について，「米も魚も水田から逃げて行ってしまった」と表現する。

③ 移民の村の水問題（インドネシア）

　次に紹介するのは，同じ東南アジアの水田地帯である，インドネシア・スマトラ島の事例である。

　インドネシアでは，人口が，ジャワ島やバリ島などの一部の地域に集中して

いたため，オランダ支配下の19世紀初頭から，人口をスマトラ島，カリマンタン島などの人口が少ない地域に移動させ，その地域の**天然資源開発**を行いながら過密と飢餓を解消することを目指した政策（トランスミグラシ）が行われるようになった。この政策は，人口を分散させることのほかに，人口増加によって不足しはじめた米の増産も目的としていたため，移住者が新しい土地で米を生産し，農業によって生計が立てられることを前提とした農地開発がすすめられた。

　インドネシアの国土は，1万以上の島から形成されているが，中でもスマトラ島はジャワ島に近く，未利用地が多かったため，現在までに1,500万人が移住したといわれている。とくに南スマトラ州には，泥炭層を含む酸性土壌が広く分布し熱帯雨林が広がっていたことが，ジャワ島に近いにもかかわらず未利用地が多かった理由のひとつである。泥炭層は酸性土壌であるため，過度な乾燥にさらされると火災が発生する性質があり，このような地域で農業を生業として人が新たに暮らしていくには，農地への通年の作付けと，水を常に流しておくことが重要となる。

　ここでの農村開発は1960年に始まり，灌漑水路が完成したあとの1980年から移住が開始された。移住者は農地2haと，高床式住居のある住居スペース0.25ha，農具，食器，生活が安定するまでの支援として米，調味料などの食糧が支給されたが，土地はジャングルの状態で，まず自分たちの手で開墾をしなければならなかった。

　ここで取り上げるタンジュンラゴ地区は，スマトラ島最大河川であるムシ川を水源とした潮汐灌漑用の用排水路（灌漑水路）が建設され，稲作を基盤とした農業を行う村として移住が開始された。図で示したように河川をつなぐように第1水路を引き，それを水源としてさらに第2，3水路を縦横にはりめぐらせることで，土地の全体に水が行き渡るようなシステムとなっている。酸性土壌の土地では，水が流れることなく溜まった状態になればたちまちその水も酸性になってしまうため，きめ細かな水路が整備された。

　住居は第2水路にそって建てられ，第2水路をつなぐようにはりめぐらされ

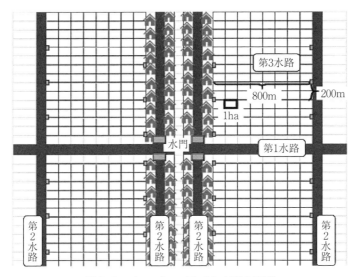

図2-2　タンジュンラゴの水路の配置

出典）森本実穂作成

た第 3 水路沿いに農地が碁盤の目のように広がっている。農地のすべてが水田
であったため，土地は水路と水田に覆われ，その水が，たまることなく流れて
いる状況をつくりあげることによって，酸性土壌の土地においても農地を形成
し，人が住めるようになったのである。

　水路の利用をみると，入植当初から，飲料水や料理用の水としては雨期には
雨水，乾期には地下水をポンプでくみ上げて利用していたため，水路の水は利
用されていない。2000 年以降はガロンボトルとよばれるタンク水を購入して
いる家が多い。家の前を流れる第 2 水路は，洗濯，身体を洗う，水泳などのた
めに利用されている。また，農地の灌漑用の第 3 水路は浅いため，そこで魚を
とって食べると答える人も多かった。

　一方で，水路の浚渫や管理については，水路によって，住民と政府の役割分
担に違いがある。国営水路である第 1 水路や第 2 水路は，水門の開閉や浚渫は
政府が行ない，住民たちは家の周辺の水路脇の掃除や草刈りを行うのみであ
る。それに対して，第 3 水路は，水門の操作から浚渫まで，すべて農民による

図2-3　第2水路（左）と第水路（右）

出典）森本実穂撮影

管理が求められている。それ故，政府の指導により，入植当時に管理組合が作られたのであるが，機能しなかったという。2003 年からは，肥料や農薬の共同購入のための農家グループがつくられているが，日を決めてそれぞれの農地周辺の水路の浚渫などを行うグループがあったり，呼びかけてもグループ内に不参加の人もいるため基金をつくって水路掃除をした人に支払うシステムの構築をめざしているグループや，地元大学のスタッフが水路管理の意義を説明しても管理をしようとしないグループがあるなど，グループの役割や運営の実態は多様である。

　近年になって，個々のグループのリーダーや農家の意識だけではなく，水路の状況にも大きな影響を与える問題が発生している。それは，水田のアブラヤシ農園への転換である。アブラヤシからとれるヤシ油の生産量は東南アジアがほとんどを占めており，2000 年以降に急速な勢いで生産量が拡大しているが，もっとも増えているのがインドネシアである。熱帯林破壊にともなう環境問題や農園労働者の劣悪な労働環境などが，深刻な問題として知られている。

　この地域では，2002 年に 15 年のアブラヤシ栽培契約を企業との間で結んだ農家が多い。企業は初期投資額（種苗代や肥料，農薬等）を農家にローンで貸し付け，栽培を委託する。アブラヤシの栽培や収穫は農家が行うが，農家に対しては，これらの経費を差し引いたかたちでその労賃が振り込まれるという仕組みである。多くの農家は，水田より儲かると勧められて契約したにもかかわ

らず低賃金で，副業しないと生活が困難な状況にあるという。このように，ア
ブラヤシ栽培の契約は，契約した農家にとって負担となっているだけではな
く，この地域の水問題を引き起こす原因にもなっている。

　アブラヤシ栽培では水を必要としないため，生活に余裕がなくなった農家は
水路の掃除には無関心になるからである。また，契約の問題が解決したとして
も，いったん水路が放置され，土壌が酸性に戻ると，再び水田に転換するには
時間がかかる。また，周辺の水田の側からみれば，陸地化したアブラヤシ農園
にネズミが発生し，それが稲の茎を食べるなどの被害も生じているという。そ
れに加えて，管理放棄によって水路の流れが停滞し，水が酸性になったこと
で，米が減収した村も出ている。見知らぬ人たちが集まった入植地であるた
め，経済的にも余裕がないこと，水を地域で共同管理してきた歴史がないこ
と，酸性土壌での生活の経験も浅いことなどがこの問題の解決をさらに難しく
している。

　これに対して，水路管理の意義について周知するとともに，付加価値をつけ
た稲の栽培を行うことで，酸性土壌にも適応し収入も確保できるような村のモ
デルをつくろうと，地元スリウィジャヤ大学のスタッフが村に住み込みで農家
を指導している。

4　伝統的な水のシステムが直面する問題（スリランカ）

　最後に紹介するのは，スリランカの乾燥地帯の事例である。

　スリランカには，2千年以上の歴史をもつ独特の灌漑システムがある。古代
から乾季に水が不足していたスリランカ中北部から東部にかけての乾燥地帯で
は，3世紀以降，土地の低いところに“Tank”（タンク）とよばれる巨大な貯
水池がいくつも建設され，水田の灌漑用水として使われてきた。これらの貯水
池は一見すると孤立しているようにみえるが，水の流れをたどると，上流の池
から水田に流れ出た水は，水路を伝ったり地面にしみ込んだりし，雨期に地面
に貯められた雨水とともにゆっくりと下流の貯水池に導かれるように配置され

ていた。こうしてつながった一連の貯水池のネットワークは，**カスケード・システム**とよばれており，その建設は紀元前4〜3世紀に始まったことがわかっている。国の灌漑局によると，現在この地域には千を超えるカスケード・システムと，3万もの貯水池がある。

　ところでこの大きな貯水池は，水田に水を流出させて灌漑することを前提としてつくられているため，表層の粘土層を掘り下げない程度に浅く広く掘られている。このような形態によって，80ヘクタール程度，つまりひとつのコミュニティの生活を成り立たせる程度の水田を灌漑することが可能となっている。このようにして乾燥地帯に水の循環が生まれ，村をつくって生活ができるようになったのである。したがって，この地域の村には貯水池の名前がそのまま村の名前となっているところが多い。

　このように貯水池は自然の地形を生かして配置されているため，村びとの移動などによって放棄された場合であっても，その周辺全体が森林に覆われていれば，雨期に貯められた水が堤防や水路を超え，カスケードの流れに沿ってゆっくりと下流に移動する。そのため，貯水池がつながったカスケードは長期にわたり維持されることになる。その一方で，村によって利用されている貯水池は，その浅く広い形態のために，農業に必要な水量を維持するには水の蒸発と土砂の流入を防ぐための工夫が重要となる。

　図2-4は，貯水池を持続的に使い続けるために長年の間に生み出されてきた，典型的な土地利用のパターンを示したものである。伝統的なスリランカの農村では，貯水池の周囲には防風林として機能する樹林帯があり，この森林帯が貯水池からの水の蒸発もおさえていた。また，貯水池と水田の間には，砂防や護岸のための堤防（土手）があり，その土手のすぐ前の湿地には，水田との緩衝地帯として機能する森林帯が設けられていた。この緩衝林は，水から塩類を取り除く樹種や草が生い茂っていただけでなく，果物や香辛料，薬草なども多く採取できる森でもあり，共同で利用されていた。

　水田のさらに下流（次の下流の集落の貯水池の上流にあたる）には，次の貯水池のための集水林があり，これらのエリアを有機的につなぐ土地利用システム

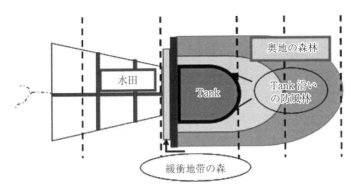

図2-4 コミュニティの土地利用の典型図

出典）Ariyawanshe 作成

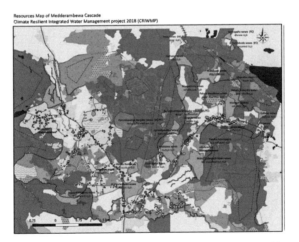

図2-5 この地域におけるタンクの配置とカスケード

出典）Climate Resilient Integrated Water Management Project の資料（2018）を加工

が形成され，スリランカの乾燥地帯全体に広がっていた。さらに細かくみれば，森林の中には，洪水と干ばつに適応するための貯水池や，野生動物を森林地帯の中にとどめるために建設された野生動物用の貯水池などもあった（Dharmasena 2010）。それらの貯水池は，農耕に利用する象をはじめ，その他の野生・半野性の動物をも養なっていた。

　農地という点からみれば，水田は生活のためにもっとも重要な土地であり，

村を設立する際にはすべての家族に水田が分配されてきた。それに加えて個々の家族は，水田の近くにつくられた果樹や野菜などを自給するための広い樹園地（ホームガーデンとよばれる）をもつとともに，貯水池上流の集水域の森で，集団で移動式の焼畑を行って根菜類や野菜などを栽培してきた。集団での焼畑は，野生動物から作物を守るためにも有効であった。都市部に大きな産業が発展しなかったスリランカの乾燥地帯では，1970年代にいたるまで，農村の人びとは自給自足に近いかたちで，この伝統的な土地利用を続けてきた。

このような土地利用と生態系の調和したバランスが変化してきたのは，1970年代からである。人口，土地利用，統治パターン，気候の変化がその主な原因であるといわれている（Panabokke et al. 2002；Kekulandala et al. 2021；Ratnayake et al. 2021）が，農業の変容が与える影響も大きい。それは，新たに作られるようになった畑（焼畑ではない商品作物用の畑）のための農業用井戸の建設，開墾した土地に所有権を与える土地政策，換金作物市場の誕生，高収量品種の導入，農薬や肥料の投入などである。

人口増加と相まったこれらの変化により，とくに集落や水田にもっとも近い貯水池下流の緩衝地帯と，貯水池に近いため風も吹いて涼しく景色もよい防風林の森林が，村からあふれ出た人びとによる新規の農地開発や住居開墾の恰好のまとになった。貯水池を維持するために特定の機能を発揮していたこれら2つの森林帯は，現在，個人によって農地や宅地として開墾され，その機能を失っている。

森林局や野生生物保護局は，森林保護区での焼畑耕作を禁止する制限を課すなど時代の状況に応じて森林保護政策も実施されてきたのであるが，住民による森林の開墾は，その間に課された制限や手続きを無視したり，回避したりしながら続けられてきた。こうした無秩序な開墾によって，利用者間や利用者と自然環境の間には，住処をなくした野性象が畑を荒らすなどの多くの問題が発生し，深刻度を増している。

Practice Problems 練習問題 ▶ 2

　ここまで述べられたような問題に直面している地域に対して，どのような支援や政策が考えられるだろうか。

5 外部からの変化の波

　スリランカでは，このような事態に追い打ちをかけるように，気候変動による環境変化の波が押し寄せている。

　2016 年 10 月から 2017 年 10 月にかけて，乾燥地帯は深刻な干ばつに見舞われることになった。これらの地域は，農業に大きく依存した地域でもあるため気候の影響は大きく，最大 220 万もの人が影響をうけ，過去 40 年間で最悪の干ばつ被害となった。この被害を受け，政府は 2017 年 8 月より被災者への救援を開始したほか，これをきっかけに，国内外の機関による，主に気候変動への適応に焦点を当てた介入がはじまった。国際ドナー（援助機関）によって資金が提供されいくつかのプロジェクトも，スリランカ政府を通じて実施されるようになった。そのひとつに，「気候変動に強い統合的水管理プロジェクト」(Climate Resilient Integrated Water Management Project) がある。

　このプロジェクトは，「緑の気候基金」[1]による資金提供，国連開発計画 (UNDP) とスリランカ政府の協力のもと，スリランカの乾燥・中間地帯のもっとも脆弱な 3 つの河川流域で開始された。村のカスケード・システムの復旧，さらに気候変動に適応した農法を用いた貯水池を基盤とした農業コミュニティの回復力強化が重要な課題とされた。筆者がかかわったメデ・ランベワ・カスケード・システムも，プロジェクトの対象地のひとつである。

　さて，カスケードの復旧プロセスには，インフラの復旧だけでなく，生態系要素の修復も含まれており，そのためには地域住民の参加が不可欠であった。というのも，近年になって国際的に推進されるようになった「統合的水資源管理」の理念からすれば，カスケード復旧の過程において，コミュニティを，経済的にも物理的にも社会的にも除外して考えることはできなかったからであ

る。

　したがって，プロジェクトでは，樹林帯がすでに開墾されている場合もそれ
を否定することはなく，現状を認めたまま回復を目指す一方で，植樹活動など
のために地元の人びとを多く動員するという困難な任務を果たさなければなら
なかった。そしてそのためには，住民たちがこれらの共有地（森林）の重要性
とそれがなくなることのリスクを理解することが重要だと考えられた。

　とくに貯水池上流の防風林と下流の土手と水田との緩衝林は，保水機能をも
つほかに，野生の果物や食料，地元の薬，多くの野生動物の生息地を提供して
いる（FAO　2017）。したがって，これらの空間の保全は，プロジェクトの不
可欠な一部と考えられた。

　予備調査では，緩衝林を切り拓いて水田に変換した者や場所，防風林に自給
用の樹園地（ホームガーデン）や畑を切り拓いた者や場所が特定された。その
後，2019 年以降，メドデ・ランベワ・カスケード内のすべての貯水池を拠点
とするコミュニティを対象に，計画的なプロジェクトが開始され，2021 年末
までに，緩衝地帯の樹林帯と防風林の土地の開墾者のほとんどと話し合いを行
い，彼らの同意と理解のもと，修復活動が始まった。

　そこで行われた対策は以下の通りである。

(1)　気候変動に配慮したホームガーデンの開発による防風林の回復

　防風林の樹林帯には水によって運ばれた種子の発芽によって多くの樹種が自
生している。それらは，貯水池に浮遊物の流入するのを防ぐのに役立ってい
る。また，水面に吹き付ける乾燥した風を遮ることで，水の蒸発を防ぐ役割も
果たしている。水中に広がる大木の根は動物の水飲み場となり，淡水魚の繁殖
場所にもなっている。このように，防風林は本来，貯水池の下で生活をする人
たちに共通のサービスを提供する自然植生要素であった。

　この防風林の喪失に加えて集水域の森林被覆が失われることで乾燥した風の
影響はさらに強まり，水面からの蒸発損失が大きくなり，それが土壌浸食や貯
水池の底への沈泥を促進し，最終的には灌漑ポテンシャルの低下につながる。
つまり，コミュニティ住民にとって短期的に利得をもたらしてきた土地の開墾

が，長期的にみれば，生態系と彼らの生計に悪影響を及ぼすというリスクを生み出すことになる。

そこで，プロジェクトでは，生態系の特性を改善し，住民の所得の向上と防風林の回復の両立が目指されることになった。プロジェクト担当官と政府の農業改良普及員たちは，防風林を近年に開墾したホームガーデンの所有者たちに対し，種子，多年生植栽材料，マイクロ灌漑システムなどやその場所に応じた改良普及サービスなどを提供した。このような農家のインセンティブを刺激する戦略は，農家からも支持を得ている。その結果，2018年から2021年までの期間を通じて，24の貯水池にまたがる150のホームガーデンがプロジェクトの対象となり，樹林帯を部分的に回復させた。

⑵　参加型区画整理による緩衝地帯の樹林帯の復元

緩衝林は，貯水池の堤防の土手の斜面，土手の下の湿地，水田の畦に続く土地に広がっている。ここの植物は，木材，薪，薬，果実，フェンス材など，さまざまな用途で利用されている。また，緩衝林は，池からの水の浸出を抑えたり，塩分やイオンで汚染された水が堤防を越えて水田に浸透するのを防いだりするなどの生態系サービスも提供している。

ここでもかつては共同で耕作されていた水田が農家ごとに分割されるようになると，各農家は可能な限り水田の領域を広げようとし始めた。その結果，堤防に近い場所に区画を所有する農家たちは，樹木を伐採して水田へと転換しはじめた。

事前調査の段階では，このカスケード内にある貯水池の2/3以上での緩衝林は森林がなくなった状態にあった。プロジェクトでは，そのような場所の水田所有者にたいして意識向上プログラムを行うとともに，境界画定作業や一連の話し合いへの参加を促した。このことによって，彼らは開墾した土地の一部を共有地帯に戻すことに合意した。こうして，緩衝地帯は地形にともなっていくつかに区部され，木材，薬草，家内工業に利用できる葦，果物，葉物野菜などとして利用できる場所やかつての緩衝地帯にあった植物を特定し，住民みなで植林を行って維持管理することになった。

一見すると，この区画整理のプロセスは，開墾した水田を再び手放すことになった人たちに直接的なメリットはないようにみえる。すでに獲得して利益を生んでいる水田を手放すよう説得するのは不可能であるように思える。にもかかわらず，このプロジェクトがうまく機能した理由は，村びとたちが，かつてこの生態系構成要素が繁栄していたことやそれを日常的に利用していたことを記憶していたことである。また村では，ほとんどの世帯あるいは親族の中のだれかが水田を所有している。この水田と貯水池の間にある緩衝林で実施されたプロジェクトは，自分たちの長期的な利益のために生態系を復活させるという意味が理解しやすかったといえる。

　修復活動の設計と実施の方法については，それぞれの立場を代表すると考えられる村の人たちを集めた意見交換，いくつかのテーマを設定して，男性，女性，居住地などに分けたそれぞれのグループでの話合いをもとに考えられたことが，このプロジェクトを成功に導いたもう一つの要因である。

　これらの意見交換に基づいて採用された方法の特徴は，まず，既存の社会規範や地域制度を活用することである。つまり，農民組織や他の既存のコミュニティ・レベルの小グループと連携して，意識向上や修復活動を組織することである。個人の参加はコミュニティの仲間の反応に影響されるため，高齢の農民やコミュニティのリーダー的な人がまず受け入れることで，ほとんどの住民がそれに従うようになった。また，両コミュニティでは，住民のほとんどが強い親族関係にあるため，互いに対する価値観や相互に尊重する態度が強いことがわかった。このような背景の中で，参加型復興プロセスについて住民の間で共通の議論がなされるようになったことで，住民同士の交流頻度が高まった。このようにして社会的なイメージが共有されたために，仲間も賛成してくれるのであればと，貢献する住民も出てくるようになった。

　第二に，プロジェクトが既存の行政組織と連携したことにより，地元の役員や機関が本来の業務の一部として介入策の実施に円滑に参加できるようにしたことである。現地スタッフは，プロジェクト介入と行政的連携が上位レベルで正式に連携されていたため，地元の行政機関のスタッフが本来業務の一環とし

て行動することができたと述べている。

　第三に，すでに開墾され，個人的な土地利用が始められている防風林では，開墾者はいかなる形（経済的，物理的，社会的）でも土地を手ばなすことなく，介入策を組み入れることが，修復活動の実施に対する地域住民の同意と参加を得ることができたもうひとつの理由であった。

　以上のような，緩衝林と防風林の復旧の事例をみると，プロジェクトは成功しているようにみえるかもしれない。しかし，プロジェクトの初期にはうまくいったようにみえたこれらの動きは，貯水池の下流の緩衝林と上流の防風林では大きく異なる。すでに述べたように，水田については，開墾して拡大した水田の所有者が，再びそこを森林に戻すことに合意している。このようなことが可能であったのは，かつてから水田がコミュニティの生活の基盤としてもっとも不可欠なものだと認識され，貯水池の水管理や水路の管理は，一部の例外を除くコミュニティのほぼすべての世帯が参加する農民委員会によってなされてきたからである。

　それに対して，かつて焼畑が行われていた上流の森林については，水田と同様，共有の資源だと認識されていたものの，生活に困った者が一時的に開墾することは当然と認識されていた。また，人口増加によって，水田を相続できなくなった若い世帯や，水田をもたない貧困者が上流部の森に住み，その産物で生活することも通常であった。このような経緯から，森林を開墾することに対する罪の意識は，水田よりもはるかに少ないということができる。

　防風林のホームガーデンについては，プロジェクトに参加しているのは比較的近年に開墾された場所が中心であり，プロジェクトによって資材などが共有された一時的な対応にすぎないことも明らかになってきた。一世代以上前に開墾された場所やそれを売買した場所，住居や商品作物栽培地としてすでに利用されている場所などの所有者は，参加しないケースも多い。

　さらに，全体としてみれば，防風林エリアのさらに奥にある集水域の森林保護区を開墾する者も少なくない。この奥地にある森林は，上流の貯水池にとっては，貯水池の下流にある森林でもある。森林の境界は意識されることなく続

いているため，開墾者は，現在では他のコミュニティに属する森林を開墾した
り，時には売買も行われるようになっている。このように森林の開墾について
は人びとの活動域は広がり，また，交通網の発達によって，学校などを含む村
びとの行動範囲もカスケード単位にまで広がりつつある。このようにして水田
と同じようには，コミュニティの人間関係の中で合意が図られることも少ない
ため，全体としての森林の減少については，プロジェクトとしても手を付けら
れていないのが現状である。

6 水問題研究の課題

　さて，これまで3つの地域の水問題について述べてきた。そこに共通してい
るのは，アジア地域の水の問題では，農業がその解決にプラスの役割もマイナ
スの役割も果たすということである。そして，水田稲作と地域の水循環を組み
合わせることによって定住生活を可能としてきた仕組みが，さまざまな理由で
バランスを崩しているということである。人口増加や気候変動，周辺部の開発
や商品作物の導入などの外部からの急激な変化は，水循環の変化もともなうこ
とによって，とくに社会的弱者の生活を脅かすものとなっている。

　これらの現状に対しては，農業技術の研究として，ダムや堰，大規模導水路
などの建設をともなった土木技術による解決を目指す研究も多数行われてい
る。しかし，どのような技術をもってしても，その末端では日常的な管理が必
要であることは変わりないだろう。末端の農村に住む人たちが，共同で行う必
要があるそれらの作業を行うことができたりできなかったりするのはなぜかを
知るためには，農業や生活に対する知識や価値観，集団のまとまり方，慣習な
どについての研究が不可欠でもある。現在，このような社会的な側面の研究の
必要性が大きく認識され始めている。

注 ···

1）COP16 で設立が決定され，開発途上国の温室効果ガス削減（緩和）と気候変動
　の影響への対処（適応）を支援するため，気候変動に関する国際連合枠組条約に
　基づく資金供与の制度の運営を委託された基金（参照：外務省ホームページ：
　2024 年 1 月 8 日取得，https://www.mofa.go.jp/mofaj/ic/ch/page1w_000123.html）。

参考文献 ···

Dharmasena, P. B., 2004, "Small tank heritage and current problems：Small tank
　settlements in Sri Lanka", Small Tank Settlements in Sri Lanka, Hector
　Kobbekaduwa Agrarian Research & Training Institute.

――, 2010, "Essential components of traditional village tank systems.",
　Proceedings of the National Conference on Cascade Irrigation Systems for
　Rural Sustainability. Central Environmental Authority.

Food and Agriculture Organization of the United Nations., 2017, "Sri Lanka among
　Globally Important Agricultural Heritage Systems". (Retrieved on August 15,
　2022, https://www.fao.org/srilanka/news/detail-events/en/c/1118377/)

Kekulandala B., Jacobs. B., & Cunningham, R., 2021, "Management of small
　irrigation tank cascade systems (STCS) in Sri Lanka: past, present and future."
　Climate and Development, 13（4）, 337-347.

Panabokke, C. R., Sakthivadiel, R., & Weerasinghe, A. D., 2002, *Evolution present
　status and issues concerning small tank systems in Sri Lanka*. International
　Water Management Institute.

Ratnayake, S. S., Kumar, L., Dharmasena, P. B., Kadupitiya, H. K., Kariyawasam, C.
　S., & Hunter, D., 2021, "Sustainability of Village Tank Cascade Systems of Sri
　Lanka: Exploring Cascade Anatomy and Socio-Ecological Nexus for Ecological
　Restoration Planning." *Challenges*, 12（2）: 24.

藤村美穂，2015,「"農的自然" に流れる時間」『環境社会学研究』21：56-73

自習のための文献案内

① 　後藤晃・秋山憲治編著，2018,『アジア社会と水―アジアが抱える現代の水問
　題―』文眞堂

② 　中村尚司，1988,『スリランカ水利研究序説』論創社

③ 　山田翔太著，2023,『バングラデシュの飲料水問題と開発援助―地域研究の視
　点による分析と提言―』英明企画編集

　①は，さまざまな分野の研究者が，それぞれの分野からみた，アジアの水問題
について執筆している。②は，スリランカの水利システムについて，植民地時代

から1948年の独立後までの変化を論じた学術書で，農業と水の関係や，それを通して生み出された思想などが述べられている。③は，善意性・緊急性が高い，飲料水への開発援助がうまくいかない理由を，援助政策における自然環境や文化・社会環境といった地域特性の軽視に求めた，フィールドワークに基づく研究書である。社会学にとっても重要な知見が含まれている。

第 3 章

流域社会の現在

藤村　美穂

1 水と流域社会

　水と人間との関係を特徴づけているのは，水は流れてつながっているものであり，土地や樹木のように分けたり固定したりすることができないということである。そして，定住生活を営むわれわれにとって，水は少なすぎても多すぎても困るということである。

　山地が多い日本では，われわれは海まで流れ下る前に水を得るために水の近くに住み，水源から離れたところでは水路やため池をつくるなど，地形に応じて水を貯め，排出する仕組みを作り出してきた。「水を制する者は国を制する」という中国の諺は日本にもあてはまり，水を国土全体にいきわたらせ，洪水を回避するための技術は，地域や国の発展にも重要なことであった。

　それと同時に，水がつながっているということを考えると，われわれが水を得るという行為は，さまざまな人びとの間の関係に関わる，とても社会的なことがらでもあった。とくに，川から自分の村にある水田まで水を引いてくること，渇水や洪水に対処することなどは，個人や個々の村落だけでは不可能である。たとえさまざまな技術を用いた土木工事が行われたとしても，水のシステムを日常的に維持することが必要になってくるからである。さらに，自分の村や，村落をこえた広がりで，水を争うことなく利用するための秩序も不可欠である。

　日本においては，環境を強く意識した**河川法改正**（1997年）にともない，住民の声を代表する組織として，流域を単位とした会議や協議会が設けられるよ

うになった。また，近年になると「**水循環基本法**」（2014年）が成立し，（通称）
流域治水関連法（2021年）が全面施行されるなど，流れる水の流域単位で水問
題を考えることの必要性が政策の上でも強調されるようになっている。水を使
う人の側からこの広がりを考えてみると，流域とは単なる水の流れが創り出す
空間的広がりではなく，同じ水を共有することによって成り立つ社会的なまと
まりでもある。本章では，このまとまりを**流域社会**とよび，九州の佐賀県の事
例をもとに，それが現在にいたるまでどのように変化してきたかをみておきた
い。

Pract*i*ce Problem*s* 練習問題 ▶ 1

農業という点からみた水は，現代にいたるまでにどのように変化してきただろうか。

2 水のない川が生み出す水社会

　流れる水の流域に生じる人と人との関係（社会）について思考をめぐらせる
時，**有明海沿岸地域**一帯は，考える材料の宝庫のような場所である。たとえば
かつての日本における用水へのアクセスを考えてみよう。一般に，用水へのア
クセスは，河川，湧き水，ため池，水路，雨水（天水）などからの取水に分け
ることができるが，有明海沿岸地域には，すでに江戸時代から，これらの取水
の方法すべてがみられていた。それだけではなく，そうした多様な方法で取水
された水が，川や水路を通じてつなげられ，平野全体が大きな水のネットワー
クとなってきたからである。

　この背景には，有明海が作り出す特殊な地形がある。まずその特徴から説明
を始めよう。

　有明海の沿岸にある佐賀平野は約5万haあるが，その三分の一以上の土地
が，比較的最近になって海から陸地化した土地であることがわかっている。そ
れは，自然に陸化してきた土地以外に，人間の力で干拓が行われてきた結果で
ある。内海で一日の干満差が大きい有明海は，堤防を築くとすぐにその前面に

潟泥の堆積が始まり，干潟が成長し始める。その干潟が干拓されて耕地や集落となった場合，堤防の内側の土地は，水が抜けることによって徐々に沈下していく。そのため，やがて，堤防の外の干潟のほうが内陸の干拓地より標高が高くなり，内陸部の古い干拓地では排水にも支障をきたすようになって数十年後には再びその先に干拓が必要になる（荒巻　2010：5-7）。

　このようにして，少なくとも6世紀から20世紀半ばの1968年まで（諫早湾干拓を含めると1990年代まで），潮の力を利用して泥や土を溜め，干潟化した場所の先に新たに堤防をつくってその内陸部に土を投入するということが続けられてきたのである。

　平野を拡大し続けることが必要だったこの地域では，水の流れの作り方にも特徴があった。干拓を行う際，排水のための水路（堀）をまず掘りあげ，その土を積み上げて宅地や田畑を形成してきたからである。したがって，平野部には無数の堀があり，それらが網の目のようにつながっている。

　堀の数だけではない。川も特殊である。佐賀平野には，筑後川のほかに2本の川（嘉瀬川と六角川）が貫流している。干拓平野や城下町の生活用水や灌漑用水は，これらの川から堀に取水して分配されていた。ところが地図でみると，それ以外に水源をもたない川もいくつか存在するのである。平野の途中か

図3-1　佐賀平野・白石平野の河川・堀

出典）国土地理院ウェブサイト（2023年1月17日取得，https://www.web-gis.jp/GM1000/LandMap/LandMap_18_011.html）

らはじまるそれらの川は，干潟の澪筋であったものが掘り上げられて水路（堀）として利用されているもので，江湖（江または川）とよばれている。

　この地域は，筑後川の河床が低い上に有明海の干満差も大きいため，川の上流，つまり平野の奥まで海の水が入ってくる。さらに長い間の干拓によって低くて広くなった平野は，感潮域（潮汐現象の及ぶ河口から上流部までの範囲）もたいへん広い。それらの感潮域には，満潮の際に，海水だけではなく筑後川からいったん海に流れ出た大量の水が再び内陸部の奥深くまで押し戻されてくるのである。それは，筑後川やその支流，2本の川のみならず，江湖にも逆流する。

　おもしろいことに，逆流の際には，比重の重い海水は，河水（淡水）を押し上げながら陸地にのぼってくる。この地方では，この逆流してくる上表部の淡水のことをアオとよび，農業用水として利用してきた。江湖の周辺にはとくに用水堀が多く掘られ，満潮時に逆流してきたアオをできるだけ多く導水し，貯水しようとしてきた。佐賀平野の筑後川沿いの地域では，上流から運ばれてきた河川の水と，このアオをいずれも堀に蓄えて利用してきた。そのため，水源がないにもかかわらず，無数の堀とつながった江湖には満潮と干潮によって量をかえながら常に水が流れていたのである。

　干拓によって築かれてきた勾配のほとんどない陸地は，このような用水を得るための工夫の他にも直面する水の課題があった。それは，水の災害への対処である。かつては大雨と満潮が重なれば，農地の排水もできず，軟弱地盤の上に築かれた堤防も破壊されることが繰り返された（荒巻　2010：8）。2019年に六角川の氾濫にともなう工場からの油の流出や病院の孤立というショッキングな出来事が生じたことは，その脅威が今でも続いていることをよく示している。

　ところで，この地域の用水の確保と災害への対処について学ぶと必ず出てくるのが，江戸時代の土木技師で鍋島藩の家老でもあった成富 兵庫茂安（なりとみひょうごしげやす）の名前である。成富兵庫茂安の功績をまとめると，自然の地形を生かしながら100か所以上の堰や土手や井樋，水路などをつくり，水をつなげることで余分な水を

水路や池に導きながら平野全体で水を貯えるしくみをつくったことである。彼が作り上げた水の流れの仕組みは，時代によって少しずつかたちをかえながらも，その基本的な構造は，後に述べる筑後大堰が建設されるまで三百年以上も使い続けられてきたといわれている。

　このような持続的な利用が可能だったのは，江戸時代の土木技術がすぐれていたからというだけではない。成富兵庫茂安は，「百姓，そして百姓の共同のくらしの場である村を育てなくては田ができない」という思想のもと，事業に取り組む際にはかならず現地で実際に寝泊まりし，農民たちと議論しながら計画を作り上げ，水の分配に関する詳細なルールも同時につくっていったことが伝えられている（南里　1980：82）。

　土木技術に加え，このようにして知識や方法を農民たちと交換し，共有し得たことによって，「水に関する掟を破れば佐賀平野全体が生き残れない」という，水に関する人びとの一体感も生み出したといわれている。

　同じようなことは形をかえて日本の各地でもみられたであろう。この，水に関する掟や一体感ということについて，最初に考えてきたのが農業経済学や農業水利の研究者たちである。以下では，社会学の流域概念と比較するために，それらの研究成果を紹介しておこう。

3　農民の水の使い方

　農業経済学者の玉城哲は，灌漑の方法によって社会的なまとまりの特性が異なることを指摘している。その違いがよくあらわれているのが，ため池灌漑と河川灌漑による，社会のまとまり方の違いである。玉城によると，たとえば，ため池灌漑を行う地域では，耕作者全員がため池の堤の上に集まって池の水をみながら水の配分などについて協議する（平等主義的な自治がある）ことがあるが，この協議の基本にある人びとの考え方は，「個々の耕作農民が，同じ立場で溜池の水に直接のかかわりをもつ」（玉城　1979：25）ことを理想とするものである。それにたいして，複数の村々をつなぐ川（用水路）から取水する地域

については，新田開発が一段落をむかえたころに多発した水争いへの対応として，共通の取水施設をもつ村落ごとに用水組合などの組織ができ，それらの間に秩序ができる（同書：24-32）。

農業水利の研究では，後者の川から取水する地域については，用水を配分する秩序（水利秩序）が成り立つ範囲の広さによって大きく2つのレベルに分けて論じられることが多い。狭い方は，圃場（個々の田畑）の範囲，すなわち村落の内部で，広い方は，水源・幹線（複数の村落からなる流域）の範囲である。このように区別はあるが，両者は無関係ではなく，相互に関連しあった重層的構造をもつと考えられている。

村落の内部の秩序は，分散した一枚一枚の水田を多数の農家が入りくんで利用している日本の農村においては農家が個々に川から取水したりそのための設備をつくったりすることは難しいため，ひとつの村落の単位または農地が隣り合った農家たちが共同で取水口や用水路の管理を行ってきたことを背景に形成されたものである。一方，村落を越えた広域的な水源・幹線レベルの秩序は，取水口を設けるような大きな川の流域全体の秩序であり，近世初頭に原型が成立し，その後，村落と村落の間で頻発する水争いを繰り返す中で修正を受けながら，ほぼ寛政期以降の近世末期に相互の間で承認され，以後慣行として今日まで存続してきたと考えられている（永田　1980）。

こうした日本の用水慣行については，農政官僚であった柳田国男が，すでに戦前の論考で，「いまの水利調整が水利慣行にまで手を触れなかったことの原因のひとつは水の分配の問題がやゝこしいからであった。慣行の問題を考慮せずに分配をやらうとしたら必ず難問題にひつかゝる」（柳田　1940：280-281）と述べている。取水口から個々の農家が関わる水田にいたるまで，行政による調整もおっくうにするほどの，入り組んだ複雑な慣行ができていたことがわかる。

このような複雑で頑強な水利用の慣行は，川を遡上してくる魚類を対象にした漁撈にもみられる。新潟でサケの漁場管理に関して江戸時代からの歴史的調査を行った菅豊は，かつて流域の村落でみられたたいへん厳格なコモンズ（こ

の場合は共有資源としての漁場を介した村落の秩序やまとまりのこと）は，自然資源や環境の持続可能性を目的として形成されたのではないという。それは，漁場を得るための葛藤，軋轢，いがみ合い，争いなどの社会にとってネガティヴな状況の中で，人間関係をつなぎあげるシステムとして生起したというのである（菅　2006：99-100）。人びとの死活をかけた農業用水についてもこれと同様，感情の調整も含めた慣行であったが故に，たいへん強固なものであったことは容易に想像できる。玉城哲は，これらの用水を通じた強固な社会的なまとまりを，「水社会」という語で表現している。

　筑後川をはさんで佐賀平野の対岸にある柳川の用水慣行について詳細な研究を行ってきた加藤仁美もまた，「水利慣行というのは永年の間に様々な利害の対立と妥協を経て形成され」たものなので，その変更は基本的には行われないと述べ，「その内容が契約として文書化されているものがないわけではないが，大半はお互いに認知されている約束ごととして，また犯すべからざるものとして暗黙に存在する」（加藤　1998：114-115）と説明している。

　しかし，この古くからの慣行は，明治以降，大きな変化をとげていく。このことについて，アオ取水という点からみてみたい。

　筑後川下流部の川副町では，江戸時代から人口当たりの耕地経営規模が大きく，規模の大きい経営を行う農家は，馬を使い，人を雇って耕作していたことが記憶されている。それらの農家が農業経営に必要としたのは，田植えや稲刈りなどの担い手だけではない。堀がはりめぐらされた平野では，堀の水を水田に取り入れるために，向かいあった二人が大きな桶の両側につけられた紐を引きあって水を田んぼにくみ上げた。堀の水深を保ち，泥を肥料として利用するための泥土揚げ作業（共同労働）も必要であった。海から逆流してくる水の中には大量の潟泥（干潟の泥）が含まれ，それが水路を塞いでしまうからである。規模の大きい農家は，この泥上げ作業などの際に馬を使ったが，年雇いで近隣の零細農民または土地をもたない人たちをその馬使いや，水揚げの人夫として雇っていたのである。

　これは，農地のない人に，収入の機会を与える仕組みでもあったと考えるこ

56

ともできるだろう。しかし，1930年代に電気ポンプが導入され，北九州の工業発達により都市部に労働力需要が生まれると，農村に住んでいた土地をもたない人たちは徐々に村落をはなれていった（友杉　1982）。それにかわって，季節的に雇われるようになったのは，早く田植えを終える山間部（上流部）の人びとである。水に関わる労働需要の変化は，このようにして流域の社会の構造をも変えていった。

　さて，アオ取水においては，堀からの水揚げが電力（ポンプ）にかわっても，取水のタイミングをみるのは人間でなければならなかった。農家は，潮の流れを知り，水の流れる音や水の味などについての経験的な知識と勘によって，塩分濃度が薄い水を引き込むためのタイミングを見計らう必要があり，常に水の流れに感覚を研ぎ澄ましていたのである。

　1939年の大干ばつで，県平均の米収入が平年の7割程度に減少した際にも，アオ利用地域は干害の影響を受けなかった（諸富町史　1984：1023）ことからは，独自の水源をもつことが，地域の自立という面においても大きな意味をもっていたことがわかる。

　しかし，ダムや堰の建設とそれにともなう土地改良事業は，このような農民と水との関係を決定的に変容させることになった。とくに，筑後大堰の建設（2009年）とそれにともなう大規模な用水系統の整備（1976～2008年）は，土地や取水口の形状を大きく変えただけではなく，事業にともなって，福岡・佐

図3-2　江湖には今でも1日2回，アオがのぼってくる

出典）筆者撮影

賀あわせて192か所からのアオ取水の水利権を，1999年に完全に放棄させた
からである。それによって，地域の水利用の経験から生まれたアオ取水の技能
もまた，完全に消滅することになった（服部　2003：199）。

　現在では，季節や天候に応じて必要な量だけ流すよう，ダムから流す水の量
が土地改良区によって一元的に管理されているため，農家は圃場ごとに設置さ
れたポンプをあければ水を引くことができるようになっている。

　それでは，このような水社会の変容について，社会学者たちはどのような視
点からみてきたのだろうか。

4 水社会変容の背景

　林業経済学会の依頼を受けて流域社会について検討した農村社会学者の秋津
元輝（1993）は，明治以降の日本各地で生じた水の利用・管理に関する変化は
河川の管理系統の一元化だったとし，別の言い方をするとその一元化とは国家
的関与の拡大過程だったと総括する。その上で，農民たちが作り上げた水利権
の調整における国家権限の強化は，ある意味では必然だったとも述べる。水利
権は網の目のようにつながっており，村落と村落の関係を調整するにはそれを
こえた上位の主体を必要としてきた経緯があり，末端の住民にとってはそれが
殿様であれ国家であれ，根本的な変更ではなかったためである。

　ただ，管理系統の一元化の背景には，利用者の関係の調整以外の理由もあっ
た。再び有明海の話にもどると，筑後川上流には1970年台からダムが建設さ
れ始め，洪水調整を行うほか，都市用水や工業用水が取水されるようになっ
た。この河川への大規模公共事業の投入により，有明海に流れ出る水量が減少
し始め，アオ取水を行ってきた地域ではじゅうぶんなアオがえられず，塩害が
頻繁に生じるようになった。こうした水の流れの変化が，アオにかわる別の安
定した用水の確保を求める素地をつくりあげていたともいわれている。

　また，湿地が広がる筑後川周辺は，湿地や堀にいる貝類を宿主とする寄生虫
の一種である日本住血吸虫による疾病が多発していた地域でもある。人間を死

に至らしめる疾病の恐ろしさは，この地域では広くしられていた。しかし，川や水田の水が病の原因だとわかっても，生きるためには水田や湿地に入らざるを得ない状況が長く続いたのである。したがって筑後大堰の建設に併行した土地改良事業での湿地帯の埋め立ては，住血吸虫対策としても重要なものとされた。ダムや堰の建設は，このような水に関わる不便や危険から農村の人たちを解放するものでもあった。

　環境社会学者の嘉田由紀子は，飲料水に目を向け，水道水が普及するまでの過程を，「『近い水』が『遠い水』にかわっていくプロセス」と表現している（嘉田　2002：14）。「遠い水」である水道水は，手続きを遵守する水道事業者に管理を一元化することによって安全な水の供給が保証される。一方，「近い水」は，農業用水，生活用水，雑用水として複合的に利用されてきたものであり，安全性を維持するためにはアクセスを共有する限られた範囲（村落）で人びとを規制する秩序に従って利用管理する必要があった。

　佐賀平野においても，身近にあった水は，これと同じ意味で「近い水」から「遠い水」になっていったといえる。佐賀平野においては1960年代にはすでに，山から海に流れる南北の堀は3本の国営幹線用排水路となっていたが，そこから先の水路（堀）はかつてと変わらず農地や集落内に縦横に張り巡らされ，集落では用水と排水の区別なくつながっていた。そのため，そこで暮らす誰にとっても堀は重要であり，飲料水，農機具や馬洗い，洗濯，水泳（子どもの遊び場）など，それぞれの用途に応じて場所を決めて使われていた。

　このような状況の中でとくに重要だったのは，——そもそも堀は，平野内に水を溜めるためにつくられたものであるが——，その水を常に流れるようにしておくことである。それは，下流の水量を保つためでもあったが，水をきれいに保つためでもあった。それ故，堀の清掃や水田への取水などのために一時的に水門を操作することはあっても，使わない時には水はいつも流しておくというのが，「農民の水の使い方」（ミツカン水の文化センター　2003）であった。農民の水の使い方とは農業水利学者として佐賀の農地をくまなく歩いた宮地米蔵がインタビューの中で述べている言葉であるが，地元の人によると，こうし

て，水が常に流れていたので，用水も排水もつながっていたにもかかわらず，その水を飲んでもそこで泳いでも下痢や中毒はおこらなかったという。

　利用されていたのは水ばかりではない。肥料のための泥や，肥料・飼料・燃料としての土手の草，燃料・籠や屋根の材料としての水辺のアシやモコなど，水辺には利用できる資源があふれていた。護岸のために土手に植えられたヤナギ，エノキ，ムクノキ等は，薪材として使われるほか，木影が農作業の休憩のためにも使われていた。堀に繁茂する菱も重要で，圃場整備がはじまる昭和半ばまでは，入札によって菱の実の採取権が定められ，農家の女性たちが夕暮れに佐賀市内でゆでた菱を売り歩いた。1960〜70年代までは，冬の共同作業であった堀の泥上げのあとは，子どもたちが水を落とした堀で魚をつかまえ，集落の宴会が開かれた。

　このような生活が変化したのが，道路の整備による船運の衰退，ダム完成にともなう水道の普及，小学校のプール導入，消火栓の整備などが始まった高度経済成長期である。用水としての利用がなくなると，集落内の堀の形状も大きくかわっていく。住民によると，1970年代には自動車の普及によって，集落内の道路を広げたり宅地や車庫を造成したりして堀を埋める人も出てきた。土手のヤナギも切られ，集落内の堀は排水路と若干の防火用水として使われているのみである。

　自治会長を務めていた男性によると，近年では，水路の清掃や草刈りの共同労働に参加する人も減りつつあるという。さらに水による関係が行政機構を媒介とするようになると，住民の流域全体への関心も薄らいでいく（秋津1993：6）。このことに関しては，さきほどの宮地米蔵が，かつての佐賀平野の水管理について面白い指摘をしている。

　「自分の田んぼの田廻りをしてるでしょう。——人が苦労して引いている時には，それを邪魔しないという鉄則もあるんです。ずるい人は，草履（足長）を田の畔に置いているんです。田廻りをして水を引いている証拠になるから。近頃は草履がないから，鍬を置いている。鍬で取水堰を開けたり閉めたりするでしょう」（ミツカン水の文化センター　2003：23）。すなわち，人が苦労して水

を引く作業をしている間は，ほかの人は自分が取水するのを控えるというのである。

　このように，かつての水社会のまとまりを考える上では，他人の労働を皆が知っていることやみていることが決定的に重要であった。宮地は，このような他人に対する想像力が，上流や下流への配慮にもつながっていくと述べている。管理の一元化は，水そのものへの関心だけではなく，このような水を使う他者への配慮を希薄化させていくことにもつながるのである。

　一方で，流域社会の構造という点からダムや大堰の建設をみると，別の大きな変化もある。それは，流域外の大都市にも水を供給するようになったことである。

　日本では，1961 年に水資源開発促進法が制定され，国は，産業の開発や発展および都市人口の増加にともない用水を必要とするようになった地域のうち，広域的な用水対策を必要とする地域を選定し，「水資源開発水系」として指定することとした。筑後川流域もこの水資源開発水系に指定され，開発が始まった。筑後大堰の建設事業はその一環であり，洪水調節のための流下能力の安定に加えて，「国営筑後川下流土地改良事業」の水需要（農業用水），人口が増加しつつあった福岡市・久留米市・佐賀市などの都市用水の需要などを総合的に担うことを目的として行われた事業であり，大堰自体は 1985 年に完成した（農業農村整備情報総合センター）。

　つまり，筑後大堰の建設を含んだこの事業は，水の利用者のリストに，増えつつある流域のさまざまな主体を新たに組み込むと同時に，流域からはなれた大都市（福岡市）に水を供給することを目的とした計画でもあった。

5 量の視点・質の視点

　農業水利の研究者たちがみてきた水社会論は，農業や生活のために必要な水やそれへのアクセス，あるいは余剰な水の排水の秩序を中心とした社会関係に焦点をあてたものであり，その大きな関心事は水の「量」であった。このような視点から「流域」を考えると，その出発点は，水の流れる出発点である集水

域の山間部ということになる。それゆえ，中世の為政者の時代から，山の森林の保全は政策の大きな関心事でもあった。

　しかし，高度経済成長期を経て，水の利用や国の経済の中で農業が占める役割が相対的に小さくなるにつれて，水にたいする社会全体の問題意識も変化してゆく。そして，それにつれて水社会についての研究にも，農業水利学の視点による「量」以外の側面が加わることになる。

　たとえば山村の過疎・高齢化やダム建設の動きが各地で問題となり始めた1980年代になると，流域の住民の中からも集水域の森林の重要性を再認識する動きがあらわれ始める。その代表的なものが，気仙沼から始まって各地に広がった植林運動である。この運動に最初に着目した帯谷は，当初は一部の住民を中心としたダム反対運動であったものが，その目的を超えて流域全体をまきこむ運動へと変わってきたこと，植林に参加する農村の住民たちが「木を植えて山を豊かにすることは，農業者である自分たちの問題でもある」（帯谷2000：154）ことを再認識するようになっていったことなどを紹介している。

　森林と水の問題を一体の問題としてとらえる視点を提示したのは，コモンズ研究であろう。1990年代から，大野晃や三井昭三など，山村や森林の研究者らによって，川の源流にあたる山村で維持されてきた森林の問題は流域全体にとって重要な問題であるという認識が，その担い手である山村の存続への危機感をともなって報告されるようになってきた。それがコモンズ研究へとつながってゆく。

　他方で，環境問題に関心をよせていた環境社会学がそれより以前から関心を向けてきたのは，高度経済成長期に下流部の都市や海であらわになった，水の汚染問題である。1960年代の日本は，水俣病に代表される工場排水による公害が各地の川の流域で問題となると同時に，身近な水路の悪臭や蚊の発生なども問題となり始めていた時代である。ここでは，「柳川堀割物語」（1987年に公開された実写映画で，高畑勲監督・宮崎駿制作）と題して映画化されたことでも有名になった筑後川下流の柳川市の例を，映画の筋をまとめるかたちで紹介しておきたい。

　柳川市では，佐賀平野と同じく堀が市内に張り巡らされていたが，戦後の都市化や水道の普及などによって徐々に利用されなくなり，そこに家庭排水が流されるようになった。1970年頃になると，堀にはごみが捨てられ，水も流れず，悪臭を放つようになる。そこで，堀をコンクリート張りにして小規模な水路を暗渠化する計画がもちあがった。しかし，当時の市役所都市下水道係長の広松 伝氏が，堀を残して再生することの重要性を説き，住民が協働してヘドロの浚渫を進めた。水路が流れるようになったのをみた住民たちは積極的に参加するようになり，堀を再生する運動は加速していった。このようにしてきれいになった市内の堀は，現在では川下りの観光名所となっている。

　水環境の悪化や，住民による水環境保全は全国でみられるようになり，『水と人の環境史』(1984) を皮切りに，環境社会学においても調査研究が行われるようになった。話を有明海沿岸にもどすと，柳川市の対岸の佐賀では，都市部の人口増加の速度は相対的に小さかったが，別のかたちで，水の質に関する下流からの問題提起がもちあがることになる。

　有明海では，戦後しばらくまでは，網漁のほか牡蠣やモガイなどの貝類の養殖が行われていた。専業の漁師のほか，干拓の最前線に住む者や，耕地が少なく農業だけで生活をすることができない者は，干潟の貝や魚をとって生活の足しにしていた。干潟の海では，大きな船がなくても遠くまでいくことができたため，参入が容易であったこともその理由のひとつだが，有明海は，「漁場（養殖場）から帰る途中の船にボラなどの魚がピョンピョン飛び込んでくるから，おかずの事は心配しなくてもよかった」(川副町在住70代男性) というほど，豊饒な海だったからでもある。

　それでも，1953年ごろ，その貝の養殖が壊滅的な被害を受ける出来事が生じた。先にも述べた西日本大洪水，そして，そのころ普及し始めた農薬のボリドールの影響である。ノリ養殖は，これによって貝の養殖継続が不可能になったころに始まった新たな漁業戦略でもあった。その後，技術の開発によってノリ養殖は有明海沿岸にひろく広がり，1965年には水稲の2倍の単収が得られるまでに成長し，現在では農業とともに佐賀の産業をけん引するようになった。

　それにつれて，佐賀平野の水社会も少しずつ変化し始める。下流の漁業者による水質に関する発言が大きな社会的関心を集めるようになったという点においてである。たとえば筑後大堰が計画されてすぐの1970年代後半から，福岡県・佐賀県の有明海漁業協同組合が激しい反対運動を展開した。ノリの生育には，山からの養分を含んだ川の水，すなわち必要な栄養塩を含んだ水が欠かせないからである。この結果，漁協は渇水時には漁業者の要請によってノリの生育に必要なだけの水量を流す協定を水資源開発公団（現在の独立行政法人水資源機構）との間に締結している。

　諫早湾の潮受け堤防の閉め切り（1997年）の3年後に大量のノリ色落ち被害が発生した際には，有明海沿岸の漁業者らが，堤防の閉め切りが不漁の原因であるとして，工事中止などを求めて提訴したことも全国的な話題となった。このような運動の結果，ノリ漁師を中心とした漁業者たちの存在，それと同時に有明海の水質の問題は無視できない問題として認識されるようになりつつある。海の漁師もまた，水社会に関わる発言力をもった主体として，社会的に認められるようになってきたのである。

　この事例からわかることは，流れる水の流域に住む人びとの社会的なまとまり——水社会のあり方——は，その時代や場所，さらにいえば，人間が見い出す水の意味や役割，そして共通の問題として認識されることがらによって変わってくるということである。

Practice Problems　練習問題 ▶ 2
　水社会と流域社会は，それを構成する主体がどのように異なるだろうか。

⑥　水社会から流域社会へ

　さて，これまで，冒頭に述べた2つの水の特徴，すなわち，水は流れてつながっているという特徴，多すぎても少なすぎても困るという特徴に関連した社会的なまとまりとして「水社会」をみてきた。生活用水や生業に必要な用水で

ある水は，分けられないが故にコモンズ（みんなのもの）として，みなで利用したり管理したりするための秩序や協働が必要であった。

　しかし，現在では日本の多くの地域で，管理が一元化され，手間をかけ他者に気を使いながら水を得る必要はなくなり，水の循環を意識する必要すらなくなりつつある。一方で，いま多くの地域で問題として意識されているのは，降雨パターンの変化によって増加しつつある洪水の問題であろう。有明海地域でも，市街地を含む平野部の浸水被害は年々増えている。それに対して，洪水常襲河川である六角川が流域全体での浸水対策を目的とした「特定都市河川」に指定（2023 年）されるなど，貯水機能がなくなった流域全体の土地利用を見直すことも始まっている。また，佐賀市では，春と秋に「川を愛する週間」を設定し市内の住民および事業所，学校などによる河川清掃を実施している。

　注目しておきたいのは，このような官民一体の取り組みと同時に，1980 年代ごろから，川や堀，あるいはもっと広く水に関連した実に多様な動きが生じていることである。たとえば有明漁協や市民による上流部の山への植林のほか，菱の栽培の復活，有志での堀の清掃，水生生物（トンボ）の住処である池や堀の再生運動，堀の泥上げ作業のイベント化，川の学校，カヌーやカヤックで川や水路をたどる活動，街中の堀の上にパブリックスペースとしてつくられた川床を利用した「クリーク Bar」や水路ウォークなど，川や水路を利用する多様な活動が多発的にみられるようになっている。

　これらの活動は，とくに生業に結びつくものではなく，どちらかといえば楽しみや交流やボランティア的な要素が強い活動であるため，水社会論でみたような秩序を生み出すことはないかもしれない。しかし，それらをみると，さまざまな団体がつながり始め，先に紹介した気仙沼の事例のように流域全体の人を巻き込んだ自分たちの住環境や生活の問題だと認識されるようになったり，上流部の地域活性化や水に関する文化を学ぶ活動に広がったりし始めている。このことからは，これらの活動が，流域の人びと，あるいは地域と地域の間のコミュニケーションを増加させ，流域全体の水への関心をいざなっていく役割を果たしているとみることも可能だろう。

　行政・研究の双方に身を置いてきた脇田健一は，流域管理について，生活や生業が直接的に関係する範囲を異にする人たちと行政の間に生じがちな「状況の定義のズレ」（流域の問題とは何かについての認識のズレ）を乗り越えるためには，さまざまな異なった立場間のコミュケーションを豊富化することが重要であると指摘する（脇田　2020：30）。

　このように現在においてはコミュニケーションが課題とされているのに対して，それが問題とされる以前の地域社会にみられた，社会的なまとまりについては，「流域社会」や「小盆地宇宙」（米山　1989）という語で表現されてきた。

　帯谷は，流域社会について，「森林を含めた上流部から下流部までの一つの流域を単位として，経済的・文化的に相互に結び付いた地域社会の総体であり，川を媒介（軸）にして構成されている点に特徴がある」と述べ，その完成期は，生活生業の中で密接に川とかかわっていた江戸時代であるという（帯谷2011）。

　文化人類学者の米山俊直は，地勢の上から日本をみると，集水域の山々に囲まれ，その山から流れる川の下流部には田畑や都市が発達するというところが多いという。そしてそこでは，山地や丘陵から盆地底の平野まで生業や土地利用も異なる地域が続いているが，それらは少しずつ重なり，互いを必要としながら暮らしてきたが故に「相対的にひとつの閉鎖的空間」となり，独自の歴史や独自の文化伝統をもっていたことを指摘する。米山は，これを「小盆地宇宙」と表現し，かつての日本には，このような小盆地宇宙が無数に存在してきたという（米山　1989）。

　では，近い水が遠い水になるにつれて，このような流域社会や小盆地宇宙は，衰退したり，あるいはモノや人の流れにあわせるようにグローバルに拡散していくのであろうか。このような問いに対しては，以下のようにも考えることができる。それは，堀や水路などの水辺をめぐる活動が日本各地で同時多発的に生じ続けていること，そのような活動の多くが河川法や森林法の目的にも沿った活動として地元の行政にも推奨され始めていることから考えると，農業や漁業，工業などの従来からの生業にこのような活動も加えて，その総体とし

てつくりだされるまとまりのようなものが，現在の流域社会のひとつの表現ではないだろうかという考え方である。学習会や観察会やイベントであれ，水路清掃や菱の栽培であれ，人びとが具体的に水とかかわり，また，他者も水とかかわっているのをみることによって，人への配慮や，水を介した人と人とのつながりもうまれてくるからである。

　それは決して，かつての水社会において，圃場レベルの秩序を担ってきた村落や地域コミュニティの消失ということでもない。江戸時代後期から戦前期までの琵琶湖岸の村落の記録を分析した古川彰は，これとは異なる視点から，流域のまとまりをとらえている。古川は，村落の水害対策の資料をみると，人びとが，時には村落の枠を越えて町村合併で作られた新しい行政村の範域やさらに琵琶湖全体を自分たちの生活域として認識し，主張することで，自在に村落の境界を変更しながら，水害の状況に対応してきたことに注目する。そして，その背景には，個々の「むら」は自分たちの村落が持続する（無事である）ために必要な情報力（情報の収集・記録・伝承の力）をもち，「むらむら」の間で時にその情報が共有されることによって，より大きな集合体であるかのように行動することを可能にもしてきた（古川　2005）という。

　洪水の対応からみた村落とは，必要に応じてその範囲を変える存在でもあるというこの指摘を本章の内容にひきつけていえば，水をめぐる社会的なまとまりとは，そもそも重層的なまとまりの中に存在するのであり，その基底としての流域社会，あるいは小盆地宇宙は，なんらかのかたちでの具体的な水とのかかわりが常に存在することによって存続し続けるといえる。

■ **参考文献** ···

秋津元輝，1993，「『水系社会』から『流域社会』へ―いま流域を考えることの社会学的含意について―」『林業経済』46：1-7

荒巻軍治，2010，「有明海講座　干拓から有明海沿岸道路まで―有明粘土とのつき合い方―」NPO 法人有明海再生機構　有明海講座資料（2024 年 1 月 10 日取得，https://npo-ariake.jp/files/uploads/220120ariakekaikouza_2.pdf）

古川彰，2005，「生活知のくり出し方―『村の日記』のなかの調査―」先端社会研究編集委員会編『先端社会研究』2：237-267

服部英雄，2003，『歴史を読み解く―さまざまな史料と視角―』青史出版

加藤仁美，1998，「筑後川下流域における水秩序の形成とその原理：有明海沿岸の
　クリーク地域における水秩序の形成と水環境管理保全に関する研究」，『日本建築
　学会計画系論文集』63（503）：143-150

三井昭三，1997，「森林からみるコモンズと流域―その歴史と現代的展望―」『環境
　社会学研究』3：33-46

ミツカン水の文化センター，2003，「有明海〈佐賀〉とアオ（淡水）の世界」『水の
　文化』14：15-27

諸富町，1984，『諸富町史』

永田恵十郎，1980，「水田利用再編と農業水利秩序の展開方向」『農業土木学会誌』
　48(9)：639-645

南里和孝，1980，「佐賀平野における成富兵庫の業績」『農業土木学会誌』48(1)：
　61-63

農業農村整備情報総合センター（一社），ウェブサイト「水土の礎」（2023年9月
　20日　取　得，https://suido-ishizue.jp/kokuei/kyushu/Prefectures/4003/4003.
　html#t4）

帯谷博明，2000，「漁業者による植林運動の展開と性格変容―流域保全運動から環
　境・資源創造運動へ―」『環境社会学研究』6：148-162

――，2011，流域社会，地域社会学会編『新版キーワード地域社会学』ハーベスト
　社：364-365

菅豊，2006，『川は誰のものか―人と環境の民俗学―』吉川弘文館

玉城哲，1979，『水の思想』論創社

友杉孝，1982，『土地の商品化と貨幣の記号化』国連大学

脇田健一，2020，『流域ガバナンス―地域の「しあわせ」と流域の「健全性」―』
　京都大学学術出版会

柳田國男，1940，「農村生活と水（講演録）」『帝国農会報』30（10）：276-283

米山俊直，1989，『小盆地宇宙と日本文化』岩波書店

自習のための文献案内

① 帯谷博明，2004，『ダム建設をめぐる環境運動と地域再生―対立と協働のダイ
　ナミズム―』昭和堂
② 川田美紀，2013，「水環境の社会学―資源管理から場所とのかかわりへ―」『環
　境社会学研究』19：174-183
③ 玉城哲，1983，『水社会の構造』論創社
④ 鳥越皓之，嘉田由紀子編，1984，『水と人の環境史―琵琶湖報告書―』御茶の
　水書房

　①は，ダム計画の中止と地域の問題が主題となっている。川をめぐる公共事業

と河川行政や環境運動の歴史やその意味を，社会学の理論と結びつけながら明快に整理していて理解しやすい。② は，水辺の環境と人とのかかわりについて，環境社会学の動向がわかりやすくまとめられている。③ は，日本社会がどのように水利や治水を行ってきたかについて，稲作と関連づけて詳細に述べられている。④ は，琵琶湖の流域社会の環境史について，コミュニティという視点から示したはじめての環境社会学の書である。

第4章

上流社会が抱える課題

牧野　厚史

1 上流からの呼びかけ

　熊本県水俣市を流れる水俣川という川がある。上流社会という言葉は，この川の上流の久木野地区で，水源の森づくりと棚田を守る活動を中心に，地元集落の人びとやボランティアと一緒に多彩な活動をしている，愛林館館長の沢畑亨さんの言葉をかりたものである（沢畑　2014：7）。では，上流社会とは何だろうか。

　川の環境保全の活動は，多くの場合，上流に生じた異変を下流の人びとが気づくことから始まる。そう私たちは考えてきた。たとえば，江戸時代の干ばつの際の水争いや，近代以降の水の汚染問題でも，足尾鉱毒事件や，水俣病などの公害の被害のように，問題の顕在化は，下流の人びと（都市住民や農民や漁民）の被害への気づきや異議申し立てから始まっている。このように，川の環境問題は，アップストリーム（上流）に対するダウンストリーム（下流）からの問いかけから始まるという特徴をもっている（長谷川　2003：31）。

　ところが最近になって，このような川の環境問題の構図に変化が生じてきた。これは，もちろん，ダウンストリーム問題がなくなったことを意味しない。海の汚染問題を考えてみても，下流の人びとからの意思表示や参加の重要性には変わりはない。ただ，注目したいのは，川の上流に住む人びとからも，川の環境をよくしていこうという呼びかけが，下流の人びとに向けて発信されるようになってきた点である。また，下流の人びとが上流の人びとと連携することで，上流の特産物の販売に乗り出したり，ボランティアとして上流の森林

の手入れや農業に関わったりすることも増えてきた。

その理由は2つ想定される。第1に，環境への関心の高まりの中で，川の上流にある森林や棚田などのもつ環境保全上の機能（公益的機能）が，下流の人びとの関心を集めるようになってきたことである。第2に，過疎化による高齢化や人口減少により，上流にある地域社会が抱える危機と水保全との関係が広く理解されるようになってきたこともある。

けれども，それだけなら，すでに1990年代頃から指摘されてきたことである。こうした上下流連携の活動が注目を集めるようになってきたのは，森林や棚田などの公益的機能の解釈が変わってきたことによる。それらの機能は，そこに住んでいる人びとの生活が実現している機能だと理解されるようになってきたのである。この点を，沢畑さんは次のように説明する。

> 水俣は市の範囲が水俣川の流域とほぼ重なっています。久木野はその源流部。山に降った雨が棚田を潤し，水俣川となって不知火海へ注いでいます。降った雨を土の中へ貯え，なるべくゆっくりと川や地下へ流すことが水源涵養です。山で木を育てたり棚田で米を育てたりすることは，環境のためにやっているわけではなく，山の生活の一部なのですが，水源涵養も同時にしてしまうのです。それだけでなく，土を守ったり，生態系を保全したり，二酸化炭素を固定したり，よい景色を作ったりもします（沢畑　2005：30)

ここで重視されているのは，森林と棚田，水路など，川の上流に住む人びとが生活の中で創り出す小さな水循環の大切さである。この小さな水循環が，下流の川の環境を守ることになるという考え方は，21世紀に入ってみられるようになった新しい動向である。たとえば，京都府綾部市が始めた水源の里条例の活動も，高齢化がすすむ水源集落の人びとの生活保全に特化しているものの，基本的な発想は同じである。

では，人びとがそこに住み生活することが川の環境を保全するという考え方は，水の環境問題にどのようなインパクトを与えるだろうか。ここでは，特定

の活動の紹介ではなくて，水の環境問題の歴史をたどりながら，この動向が川の保全に与える意義や背景を理解したいと思う。

2　川の環境問題における上流社会の位置

　冒頭では，川の上流に位置する源流域の人びとが，水源を守るのは誰かというメッセージを発信するようになってきた状況を紹介した。発信者は，地元集落住民や NPO の活動組織，あるいは市町村のような自治体など，さまざまである。それでは，そのメッセージが届く下流の人びと（都市住民）は，自分たちが使う水の水源をどのように認知しているのだろうか。

　表 4-1 は，水道水源への認知度を尋ねた結果である。これをみると，水源になっている川や湖の名称まで答えられる人の割合は，全国平均で 4 割程度である。このデータのみで人びとの水源への考え方を読み取ることには限界があるが，次の 2 点は指摘できる。ひとつは，自分の使っている水道水の水源がどこなのかを知っている人は少数派だということで，もうひとつは，水道の規模が小さいと考えられる町村では，水源を知っている人が都市部よりも多くなる点である。水道の規模が小さいということは，人びとに近いところに水源があることを意味するので，水源の遠近が認知を左右しているといえるかもしれない。

表4-1　水道水源への認知度

都市規模	該当者数	1. 知っている（具体的な河川や湖の名などまで知っている）	2. ある程度知っている（河川や湖などであることは知っている）	3. あまり知らない（漠然としか知らない）	4. 知らない	無回答
総数	1,865	38.9	37.6	16.4	5.3	1.8
東京都区部	128	20.3	43.0	28.9	6.3	1.6
政令指定都市	405	38.5	39.8	16.0	4.9	0.7
中都市	757	38.7	38.6	14.8	5.9	2.0
小都市	417	38.4	37.2	17.5	4.8	2.2
町村	158	57.6	24.7	11.4	3.2	3.2

出典）内閣府，2020，『水循環に関する世論調査』（2023年11月3日取得，https://survey.gov-online.go.jp/hutai/r02/r02-mizu.html）

　では，この点をふまえて，何がいえるだろうか。人びとの水源の認知度には，問題があると思うかもしれない。たしかに自分の使っている水の水源くらいは知っておいた方がよいかもしれない。ただ，社会学者なら，この結果は，今の川や湖への人びとの関わり方の反映だとも考えるだろう。というのも，私たちは，高度経済成長期頃に，自分の使っている水の水源を近くから遠くに移すという大きな変化を経験したからだ。それはどういうことかを，伝統的な川の利用を紹介しながらみておくことにしよう。

　川というと，私たちが思い浮かべるのは，淀川や利根川などの大きな川である。学校の授業で，日本で一番長い川は，長野県から新潟県を経て日本海に流れる信濃川だと教わった人もいるかもしれない。確かに，信濃川の全長は367キロメートルもあるが，冒頭で紹介した水俣川の全長は，わずか22キロメートルほどである。この2つの川の違いは比較できないくらい多様だが，あえて単純化すると長さのほかにも水量がちがうことがある。一般的には，長い川は集水域も広く，本流である川の水量も大きい。これは水資源の量を考えた時には，重要な違いになるだろう。

　その一方で，流域に住む人びとの水の利用では，大きな川と小さな川のどちらが重要かという問いにはあまり意味がない。ひとつの都道府県やそれを超えるような流域をもつ大きな川には，大きな川の使い方があり，小さな川には，小さな川の使い方があったからである。

　ここでは，小さな川を含め，日本列島の人びとの間で1960年ごろまでみられた川の使い方を，荒川康と鳥越皓之の研究から紹介しておこう。荒川と鳥越は，伝統的な川の使い方を7つに分けて示している（表4-2）。要約しつつ引用させていただこう（荒川・鳥越　2006：11-12）。なお概要は要約・加筆した。

　このような利用法は，熊本地域の山間部では，今でもみることができる。図4-1は，熊本県の南阿蘇村の松の木という集落の水の使い方である。この地域ではないが，熊本県下では，湧泉から流れだす川を「いがわ」とよぶケースがかなりある。つまり，湧水＝川というのが地元での考え方である。その川の機能をみると，③の水運や⑤の漁撈以外は今でも見られる。また，図4-1から

表4-2　川の用途

用途	概要
① 「飲用」	飲み水としての利用
② 洗濯・農作物等の「洗い」	洗うものによっては場所を変え迷惑がかからないようにもした
③ 「水運」	小さな川でも舟をうかべたり，材木を流したりもした
④ 「農工用」	灌漑用水や水車の動力源
⑤ 「漁撈」	自給用も多かった
⑥ 「防災」	防火用水や積雪のある地域では雪を捨てる場所にもした
⑦ 「遊び」	子どもたちの水浴びなど

出典）荒川康・鳥越皓之，2006をもとに作成

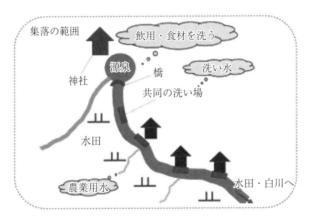

図4-1　熊本県南阿蘇村松の木集落の湧水利用（概念図）
出典）筆者作成

は信仰の対象という，地域に固有な機能があることもわかるだろう。

　ただ，こうした水源は，先ほど政府の世論調査にあった水道水源とはイメージがちがう。これは，実はとても重要な相違点である。南阿蘇村の松の木では，水田の向こうのカルデラでもっとも低いところを，白川という大きな川が流れている。この大きな川と紹介した小さな川とでは，同じように水でつながっていても，人びととの関わり方はちがう。白川は，魚とりなどに利用していたものの生活用水の水源ではなかったからである。その違いをはっきりさせるために，全国的には生活用水を得る小さな川の方を里川とよぶ場合もある。た

だ，あまり厳格に区別しないほうが現実的である。大きな川でも，その源流は分岐する多数の小さな川であるからだ。

一方，今水道の水源となっているのは，里川とは異なる大きな川である。水道には多量の水が必要だからだ。そのため，東京であれば多摩川とか利根川などの大きな川が水源となっている。滋賀県琵琶湖の下流の大阪市や神戸市などであれば，それは淀川である。一方，水道普及率が大都市を除いて低かった1950年代頃までは，大きな川は，生活用水の水源としてはあまり使われてはいなかった。その理由は明確である。不便だし，水質も近くの水源の川の方がよかったからだ。

ところが，1960年代以降になると，水源は，大きな川へと急速に移っていく。水道への切り替えが進んだからだ。切り替えがどうして必要だったかについては，さまざまな議論がある。主な理由として指摘されているのは，① 蛇口から水がでてくる利便性と，② 水源だった地域の里川の汚れである。また，都市部では水道水が前提の生活スタイルになっていたから，新たに都市部にやってきた人びとには，それ以外の選択肢はなかったとも考えられる。

地域の水源が汚染されてしまった，あるいは汚染のリスクが大きくなったから，その水源を捨てて遠方から水を引いてくるのでは，環境悪化が進むではないか，そう思うかもしれない。ただ，これには致し方のない地域もあった。たとえば，都市市街地に飲み込まれた農村部などの場合である。水道が普及した当初は，下水道は大都市にしかなかったから，人口増加によって生じた水源の生活排水による汚染はどうにもならない面もあったと考えられる。もっとも，都市の市街地でも，水源を汚れるままにしておいてよいのかという問題意識をもつ人びともいて，水環境の再生活動が展開されることもあった。たとえば，福岡県柳川市の堀割再生の活動がそうである。

このように川の大きさを視野に入れて，高度経済成長期頃までに生じた水源の移行を考えると，それは住む場所から水源が遠ざかったという距離の側面に加えて，飲料水などの清浄な生活用水を行政から購入し消費する，新しい受益者の社会圏の誕生でもあったことに気づく。それは主に大都市に住む人々であ

る。では，こうした大都市を中心とする水を享受する受益者の社会圏の誕生
は，川をどのように変えていくことになったのだろうか。その変化を，3 つの
時期の川と人との関係を取り上げてみていくことにしよう。

⑴　**東京市（1940 年当時，水道普及率が最も高かった都市の一つ）**

　最初にみておくのは，大都市東京の人びとと川との関係である。東京市は戦
前，上水道普及率がもっとも高い都市の 1 つだった。日本の都市社会学者の草
分けの 1 人，奥井復太郎は，1940 年に出版した『現代大都市論』において，
農村の生活と都市の人びとの生活の違いについてふれた箇所で，都市の人びと
の水の使い方の特徴についても論じている（奥井　1940）。

　社会は集団的生活体である故に，常に何等かの組織と制度とを持つ。多勢の
　人々が一緒に生活している為めに，㈠ 全体の為めに個人を規律する組織や
　制度が必要となると共に，㈡ 個々の人々が処理するよりも，全体を包含し
　て特定の機関に処理せしむる方が便利の場合があり，其処に再び組織が生れ
　て来る。（中略）田舎では各自が銘々井戸を掘って飲用水を用意するが都会
　では水道経営者に委せて飲用水の供給を得る。宴会の如きも田舎では自宅で
　自家の手で行うに対して都会では料理屋でやる。又は自宅で行うにしても料
　理屋を出張せしめてやる。斯様にして多勢の人々が一緒に生活していると，
　色々の組織や制度が出来て来る（奥井　1940：16）。

　　　　　　　　　　　　　　　（※引用は現代の文に改めたところがある）

　当時の農村部には，水道はほとんど普及していなかった。一方，東京市（旧
市）の一般家庭を含む水道普及率はすでに 80％を越えていたから，その事実
を単純化して述べたまでだともいえる。ただ，注目される点は 2 点ある。第 1
に，料理や宴会と，水道水の普及を同一のことがらとしていることである。つ
まり，水道普及により都市の飲用水は財になったのであるが，それは同時に井
戸水の管理に労力を使わない，水を購入する消費者たちの社会の誕生を意味し
ていた。それは川と人との関係の劇的な変化の始まりでもあった。

　その変化は，受益圏・受苦圏という環境社会学のモデルを使うと，より鮮明にみえてくる[1]。奥井が『現代大都市論』を出版した時，東京市の上水道の水源は，すでに量的に不足し始めていた。1939年に東京市が公刊した『東京市政概要』をみると，当時の市の水需要が急増しつつあったからである（東京市役所，1939）。そのため，東京市は大型ダム建設による新しい水源の確保に乗り出していた。建設予定地に選ばれたのは，西多摩郡小河内村である。ただ，そこには問題もあった。ダム湖の予定地には，住民たちが住んでいたからである。このダムが完成しダム湖（奥多摩湖）に水を溜め始めたのは，戦後になってからのことだが，立ち退きを迫られ動揺する村人の様子は，石川達三が1937年に出版した『日蔭の村』に詳しく紹介されている（石川　1954）。

　財となった水の大量消費は，不足する水確保のために多摩川の上流にダムを建設し，その水を引いてくる，という方法を必要としはじめたのである。その結果，ダムから受益を受ける下流の大都市の人びと（東京市の人びと）と，その水資源開発のために立ち退きの苦痛を迫られる上流の人びと（立ち退きを迫られる住民）との関係が生じることになった。受益を受ける人びと（受益圏）と苦痛を受ける人びと（受苦圏）との分離が始まったのである。

　ただ，みておく必要があるのは，奥井がダム建設にはまったく触れなかったように，水の使い方における上流・下流の立場の分離は，下流の人びとからは，その全体像がとてもみえにくい点である。これは，水道水を使う私たちの今の生活にもいえる。水道水源の認知度が低いのは，水源の様子が，日常の生活に必要な知識ではなくなっているからだ。私たちにみえるのは，蛇口とその水を管理している「水道経営者」だけである。もちろん水を確保するのも，その経営者の責任だということになる。

　だが，こうした上流と下流の立場の分離は，1980年代頃に入ると様相が変化していくことになった。それは，水質汚濁という川や湖の水の環境問題の登場ともかかわっている。この点を，1960年代以降の水資源開発における川と人との関係からみておくことにしよう。事例は，琵琶湖の水資源開発である。

(2)　琵琶湖総合開発事業

　戦後の日本では，東京，名古屋，大阪，福岡などの大都市で，水の確保が社会問題化することになった。急増する人口と産業の集積が，渇水とあいまって，水不足を引き起こしたからである。とくに1964年の東京で生じたいわゆる「オリンピック渇水」は，歴史的な事件にもなった。

　その状況の中で政府は，2つの法律（「水資源開発促進法」1961，「水資源開発公団法」1962）の施行をうけ，下流に大都市がある全国各地の水系で，ダム開発を含む水資源開発を始めた。発電のための大規模ダム建設は，すでに戦後復興期から始まっていたが，この時期以降は，都市のための水源確保が重要な課題となった。政府や審議会などの検討の中で，水道用水や工場用水の需要増加により，水需給が逼迫している水系の1つとされたのが，下流に大阪市などの大都市がある琵琶湖・淀川水系だった。

　この水資源確保のための琵琶湖の大規模開発は，1972年に始まる。計画では，琵琶湖の水位を1メートル程度さげ，その水を下流に送るとともに，湖の周囲に水位低下による損失への補償工事を行うということになっていた。その中で生じたのが，琵琶湖の水汚染問題である。とくに工事のまっただ中の1977年の赤潮の大発生は，人びとに大きな衝撃を与えた。もちろん，こうした汚染は，1960年代末からひどくなってきたとされている。

　琵琶湖のまわりは，いくつかの市街地を除けば，基本的には農村地帯である。公害などで注目された，廃水を垂れ流すような大きな工場はない。したがって，赤潮の大発生をもたらした湖の水質汚濁は，湖の周囲に位置する農村集落からの排水が原因であることは，はっきりしていた。そうなると，加害者は，淀川水系の上流部の湖の周辺で生活する住民（農民）たちということになる。事実，そのような意見が琵琶湖の環境保全についてのシンポジウム等で出されなかったわけではない。

　だが，当時の琵琶湖を調査した社会学を中心とする研究者たちは，別の見方をした。なぜ，これまで周辺農村の人びとは，湖の汚染を招くような水の流し方をしてこなかったのか，という水と人との関係史に関心をおき直したのであ

る。こうして始まった研究は，環境問題の研究としては，風変わりなスタイル
になった。社会的な関心が高かった湖のなかの水質汚濁ではなくて，湖畔の，
それもひとつの村落を住民の生活保全のシステムと見立てて，そのシステムを
構成する人びとの水文化を綿密に調査したからである。その内容は第1章で述
べているが，本章に必要な限りで要点をまとめると，戦後の水道の普及が，生
活排水の流し方を管理していた組織の混乱を引き起こした。このことが水の汚
染を促進したのである。

　そののち研究者たちは，その研究成果をもとに生活環境主義という環境社会
学のモデルを構築することになる。生活環境主義とは，そこに住む人びとの立
場から環境問題の解決策を考えようという環境社会学の理論である。研究者た
ちは，湖水の上流にあたる琵琶湖地域の農村の人びとの今の生活と環境との関
係を考えた場合，生活排水を処理するための下水道が必要だが，その設置計画
をどうするべきかという提言によって研究を締めくくっている（鳥越・嘉田
1984）。

　こうした湖岸農村に住む人びとの立場からの政策提言は，水資源の開発を行
っていた政府の方針とは，同じように下水道の必要性を論じていても，内容が
大きく違っていた。湖岸農村に住む人びとは，下流からの水道用水を含む水資
源獲得のための開発のなかで，汚染の加害者となってしまったが，その結果，
政府が実行したのは，水資源開発と並行して下水道を普及させ，加害の要因を
減らすことだった。下流社会からの希望は，清浄な水道源水がほしい，という
ものだったからである。下流の人びとの集約的代弁者である政府は，この事業
の中で巨額の費用を投じ，下水道を普及させたのである。

　このように，琵琶湖の環境問題についての社会学者を中心とする研究は，川
の環境問題の研究視点に，アップストリームに住む人びとの視点を提起した点
で，ここから紹介していく上流社会からのメッセージと重なるものがあった[2]。
政府は，下流都市の人びとの水需要を満たすために水資源開発を始めたのだ
が，実際には，上流琵琶湖の水保全＝生活排水対策に力を注ぐ必要がでてきた
からである。政府の視野からみれば，大阪等大都市の受益圏と琵琶湖地域とい

う受苦圏は分離されているはずだったのだが，川の環境保全への人びとの欲求においては，琵琶湖・淀川流域という広がりで受益圏と受苦圏は重なっていたのである。しかし，このような上流社会からの問題提起は，水環境の保全に向けた流域（第3章）の人びとの人間関係再構築には，すぐには向かわなかった。なぜなら，琵琶湖地域は例外として，山村の多い上流社会は，当時，過疎化による高齢化と人口減少が注目されており，川の環境保全の担い手だとは，ほとんど考えられてはいなかったからである。[3]

(3)　自然の貧困化（四国の山村）

　高知県の山間部の村落を調査していた大野晃は，1990年代，限界集落論を発表し，物議を醸すことになった。この概念は，方法論としてはいくつかの問題もあった。集落といいながらも実際に対象としていたのは自治体だったりしたからである。

　けれども，大野は，四国源流部の上流社会の今後について，重要な問題提起をしていた（大野　1998，2005）。それは，山村で暮らす人びとが生産に利用している田，畑，山林などについて「私的に所有され，私的に利用されていながら私的範囲を超えた国土・環境保全等の公益的価値を有している」と指摘したことである（大野　1998：10）。その上で，大野は，上流森林の荒廃などの「〈人間と自然〉の貧困化」が，都市住民や漁師を含む下流の人びとに災害等により打撃を与えかねないとして，上流と下流の人びとによる流域共同管理の必要性を提起した（大野　2005：9）。

　大野が，このような提起を行ったのは，次のような動きが，四国の源流部にみられたからである。四国では1994年の夏，早明浦ダムの渇水による水不足の問題が生じ，このことをきっかけに都市住民と山村住民との間に，源流部の森づくりの交流活動が始まった。「早明浦ダムの用水供給への依存度が高い香川，徳島の両県の都市住民が，94年7月に始まった早明浦ダム渇水問題を契機に『どんぐり銀行』（＝NPO法人どんぐりネットワーク）や「（吉野川）源水をはぐくむ会」を結成し，現流域山村の住民と積極的に交流を図りつつ自然環境を保全していこうとするこの活動は，いま全国的に注目を集めている」と述べ

ている（大野　2005：255-256）。こうした大野が指摘した流域の状況は，森林や川などの環境に関心をもつ研究者や政策にも，インパクトを与えた（大野　2005）。

　山間地の自治体である，京都府綾部市が2008年に始めた集落政策「水源の里」条例もそのひとつである。綾部市は，その際，独特な選択を行った。まず第1に，「限界集落」という言葉の使用は拒絶した。それは，自分たち上流社会の人びとの価値観には合致しないと，当時の市長が判断したからである（四方　2021：10）。一方，流域の視点については，新しい工夫を加えて取り込むことになった。それは，森づくりだけとか水だけといった狭いテーマ化を避け，集落の人びとの生活保全全般に視野を広げたことである。それが，「上流は下流を思い，下流は上流に感謝する」というスローガンで始まった，「水源の里」の活動である。

　こうした水に焦点をあてた上流社会の立ち上がりは，1990年代から各地で生じ始めていた。その背景には，水道などの水源への国民の不安の高まりがあったことは事実である。とくに，1990年代のリゾート法の中で，水源の森林を開発する動きが広がったことは人びとが行動を始めるきっかけとなった。たとえば，環境社会学者の茅野は，長野県みなかみ市の赤谷プロジェクトという国有林の森づくりの活動が，村の水源の森林を伐採するスキー場開発への反対運動をきっかけに始まった様子を，興味深く論じている（茅野　2014）。興味深いというのは，当初はダウンストリームからの水の危機への異議申し立てだったこの活動が，上流の人びとの生活全般の視点から，森林を用いる地域づくりの活動へと変化していくプロセスを論じているからである。

　同様な川とかかわる活動における上流への関心の高まりは，矢作川の河川保全運動を調査・研究した古川彰も指摘している。古川は，公害問題が顕在化した時期には，その被害者として強力に抗議行動を続けていた川漁師の漁業協同組合の活動の変化に注目する。この漁協は，1990年代末に「環境漁協宣言」を出し，川の環境を研究する研究所の設立や近自然工法の受容など，流域全体を視野に収めながら，上流（「上流部の森」）に視点をおいた，他主体との連携をとる幅広い活動へと転換した（古川　2005）。古川は，その変化を，河川法改

正による環境の視点の導入と強化（環境化）という条件と，これに対する漁協のNPO化という主体の変容という2つの側面から説明している。

　ここで重要なのは，古川がキーワードとして提出した環境化とNPO化である。なぜなら，この2点こそ，琵琶湖総合開発のなかでの湖周辺の農村にはまだみられなかった新しい動向だからである。それは，戦後，受益・受苦というかたちで分離された上流と下流とが，よりよい川の環境への欲求に基づいて，流域の社会を構成し得ることを，上流社会の側から問題提起していく動きだといえる。その際のポイントは，環境への志をもちながら，実践的には特定のテーマ化を避ける上流社会のNPO化の動向である。以下ではそのようなテーマ化をあえてしないNPOの活動がどのように生じてくるのかを，熊本地域の事例からみておくことにしよう。

Practice Problems　練習問題 ▶ 1

　　あなたが普段使っている水の水源はどこかを調べてみよう。ただし，その場合，飲み水だけではなくて，魚を飼う水，庭の水やりの水など，広く考えてみよう。

3 下流からのテーマ化を相対化しNPO化する上流社会

　川の環境をよくするためには，人びとの組織的な行動が必要である。人びとは問題が生じたり発生が予想されると，日常生活の組織を活用したり，新たな組織をつくったりして活動をはじめる。水の問題でいうと，海や川の漁業者がつくる漁業協同組合や農家がつくる土地改良区，さらには集落の自治会のような，その場所を支配する権利（漁業権や水利権などの慣行ともかかわる権利）をもつ地域組織の活動が，重要な役割を果たしてきた。水汚染や河川改修，さらには水源でのゴルフ場建設や産業廃棄物処理施設設置のような問題では，開発を推進する行政や企業に対して，開発や施設設置への反対や改善など，住民や農民，漁民に必要な生活や生業の保全の権利を述べることができる組織が必要とされたからである。

　こうした状況は今も続いているが，環境という視点が重視されるようになった現代では，環境の再生や創造にむけたプランをもつNPO（Non-Profit Organization）の活動が活発になってきた。NPOとは，公共的な目標を実現しようとする，ボランティアの人びとの組織と考えてよいだろう。つまり，自分たちの私的な利益実現ではなくて，公共的な目標を掲げて活動する民間の組織を，NPOとよんでおくことにしたい。このNPOの特徴として，さまざまな分野の活動との連携促進や情報発信によるコミュニケーション促進の機能があり，それは現代の水環境の問題におけるガバナンスという政策の動向と関わるが，それは第7章で詳しく論じられている。

　このように水の課題に取り組む組織としては，水環境への発言力を認められている組織と，公共的目標を実現しようとするボランティア有志の組織であるNPOの2つが重要である。この2つの組織は，連携して課題に取り組むことも多い。ことに農山村地域となっていることが多い，川の上流部の水とかかわる活動では，多くの場合，地域組織とNPOの連携による活動となっている。

　だが，上流社会のNPO化にみられる特徴的な点は，地下水保全とか森づくりだけといった，下流の社会，とくに都市からの一方的なテーマ化されたまなざしを相対化することである。これを，テーマ化を相対化するNPO活動とよんでおくことにしたい。以下ではその例として，熊本市の地下水の維持や増加を目指す冬期湛水事業の中で生まれたNPO（「豊かな地下水を育むネットワーク」）の活動を紹介しよう。

　熊本市を流れる白川という大きな川がある。阿蘇のカルデラである南郷谷を源流とするこの川は，外輪山の切れ目がある立野で阿蘇谷から流れ出す黒川と合流し，その水量を増しながら一気に山を下る。下った川は，水田と里山が広がる農村地帯を通過し，やがて熊本市の市街地を抜けて不知火海に注ぐ。このように川の自然地形からいうと，川の上流部は阿蘇カルデラの南郷谷になる。

　ところが，熊本市を含む熊本地域の人びとが利用している地下水からいえば，少し事情が違ってくる。地下水が補給される涵養域のうち，補給される水の量が大きい場所を上流部とよぶと，これに該当するのは，白川の中流域にあ

たる農村地帯になる。白川の水を灌漑用水に使っているこの地域では，ザル田とよばれる水はけのよい農地が広がっており，それらの農地が地下水の重要な涵養域であることがわかってきたからである。一方，この地域では，農家数の減少や減反や転作により，稲作の作付面積が減少している。そこで地下水の減少に危機感を抱いていた熊本市の呼びかけで，水を管理する土地改良区を中心に，農地のある大津町，菊陽町，農業協同組合などが加わって，2004年から湛水事業が始まっている。畑作に転じた農地で湛水（水張り）を行った農家に，熊本市と企業が補助金を出す仕組みである。このように制度面だけをみると，湛水は，土地改良区という地域組織の協力による水の環境政策のようにもみえる。

これに対して，白川中流域でニンジン農家を営むOさんが代表を務める「豊かな地下水を育むネットワーク」の方は，はっきりとNPO的である。この団体は，2つの目標をもっている。ひとつは水張りに参加する農家の数を増やすことで，もうひとつは，下流の都市の人びとに，この地域の農家の農産物を知ってもらい，その購入と消費を促すことである。そのために，Oさんたちは，「ザル田通信」というニュースレターも発行している。

Oさんが新たな組織が必要だと考えたのは，助成金の制度があるにもかかわらず，水張りについては参加農家の数が期待されたほど伸びていないという現実があるからだ。農家にとって，栽培の合間をぬって行う水張りは，手間がかかる。また，水張りでは，隣の人に気を遣う必要もある。ちなみに「ザル田通信」には，こうした点を指摘する農家の声もきちんと取り上げられている。確かに，高齢化が進んでいる農家にとって，手間が増える問題は厳しい課題である。

それでも，Oさんが参加農家を増やす活動を続けるのは，湛水が，よりよい農業のための，つまり農家のための事業だと確信しているからだ。もともとOさんが，湛水に興味をもったのは，地下水の保全ではなくて，農業によいことがあると講演会で聞いたからである。よいこととは，白川の水にはミネラル分が大量に含まれているために，水を張ることで肥料を減らせる可能性があるこ

とや，土壌害虫駆除の効果がありそうだという点である。以降，Ｏさんの取り組みが始まる。Ｏさんは，農協の専門機関に土壌成分分析を依頼する一方で，試験研究機関の専門家の協力を得て，自分の畑に湛水と非湛水，無施肥のニンジン畑をつくり，水を張った場合とそうではない場合の比較実験を始めたのである。

　残念なことに，数年続いた実験は，洪水によって実験畑が流され，中止された。けれども，Ｏさんは実験の中で，水張りをした農地の方がニンジンの生長がよいこと，さらに，この結果は，土壌成分の分析結果とも矛盾しない点などから，農家にとっての水張りの有効性を確信することになった。Ｏさんは，「ザル田通信創刊号」に，「水を保全（まも）って農を守る」という文章を載せている。そのポイントは，水がほしい下流からの希望そのままではなくて，自分たちの「農を守る」ことに重点を置いていることである。

　Ｏさんは，文章の中で，３つのことを述べている。第１に，自分は水張りの効果（土壌害虫の防除，連作障害の防止，肥料代の節約）を実感していること，第２に，下流域への水の恵みをもたらすということで助成金制度ができたこと，第３に水張りをして育てた作物を熊本市民に購入してもらいたいことの３点である。最後に，上下流の連携と水張り仲間が増える助けになればと考えて，ニュースレターの発行を始めたことを記して，文章を結んでいる。

　Ｏさんたちが立ち上げたＮＰＯは，自分たちの生活を支える農業の仕方の改善を目指している点で，生活に基礎をおいている。したがって，その活動は，従来地域組織が行ってきた地域づくりと同じようにもみえる。だが，村落という枠組みを超えた公共的な目標ももつ点で，従来の地域づくりとは一線を画す活動になっている。ザル田で農業を行う農家生活の持続が，下流の都市部を含む熊本地域の人びとの地下水の利用を守るという公共的目標の実現と結びついているからである。このように自分たちの生活の持続が，公共的目標の実現と重なっているのは，この地域が，下流の熊本市を含む熊本地域の人びとに水を供給する上流社会だからである。

　このような，生活に基礎をおいたＮＰＯ活動が川の上流で成り立つ理由につ

いて，沢畑さんの以下の指摘は示唆的である。まず，沢畑さんは，環境への働きかけを，環境によいことをすることと，悪いことをへらすこと（負荷の削減）の2つにわけて，上流社会の存在意義を説明する。「山を上手に使えば環境によいことができる」という。上流社会から川の環境をよくする活動とは，人間による環境負荷の削減ではなくて，よくすることである（沢畑　2005：29）。上流に住み暮らしてきた人びとがそこで生活を続けていくことができて，周囲の森林や水を含む自然環境と十分に付き合っていけるようにすることだということになる。そのため，上流社会のNPOは，森林とか，水とかといった特定の機能だけにテーマ化することはしない。NPOとしての機能をもつ愛林館もそうである。社会学者の徳野貞雄は，この愛林館の活動を「総合生活サポートセンター」とよんでいるが，活動の内容はそのような幅をもっている（徳野2013）。それが川の環境をよくする活動になるのは，人びとの暮らしのある場所が，水俣川という川の上流だからである。

4　上流社会の向かう方向

　この20年ほどの間に，水俣川の上流をはじめ，全国各地の川の源流部で生じてきた上流社会の立ち上がりは，環境化という社会の大きな変化とかかわる現象である。とくに，上流社会のある場所は，大都市の住民の水源となっており，大都市に住む人の割合が圧倒的に多くなった今日，上流部の森林等の環境保全への国民の不安と期待が高まっている。

　上流社会のNPO化は，この不安と期待を取り込むことで成立するが，そこには注意すべき点も含まれている。それは，この動きのなかには，都市の人びとが清浄な水を得る水源に変えていこうという，エコロジカルでサステイナブルではあっても，そこに住む人びとへの暴力的なまなざし，不平等な価値観が含まれてもいるからである。たとえば，琵琶湖総合開発に伴う下水道整備は，上流社会の農村の人びとにも喜ばれたが，下流の人びとの欲求を代弁する政府からの善意のプレゼントではなかった。下流の社会の人びとにとっては，清浄

な水を得るというテーマがあったからである。

　だから，現代の上流社会の NPO 化は，大都市のような外部から持ち込まれるテーマの相対化や吟味が含まれている。それは，**そこに住んでいる人びとの生活を保全することが，川の環境をよくすることになる**というメッセージに顕れている。ここに 21 世紀の川の環境保全の活動が，上流を中心とした流域の人びとの関係をパートナーシップとみなす根拠がある。そのような活動への呼びかけが，今，全国の上流社会で活発化し始めているのである。

注

1）環境社会学における受益圏・受苦圏論とは，現代社会の環境問題の基底には，受益を得る人びとの圏域＝受益圏と，受益圏の人びとの受益への要求をみたすために苦痛を被る人びとの圏域＝受苦圏の分離がある，というモデルである（湯浅 2023：140-141）。たとえば，ダム建設では，川の下流の人びとは，洪水対策や水供給というメリットを享受できる受益圏であることが想定されている。他方，上流の人びとには，ダム建設のメリットはない。むしろ，立ち退きを要求されたり，遡上する魚類についての漁撈等の変更を迫られたりする苦痛を受けることになる。この苦痛を被る上流の人びとが，受苦圏に属する人びとになる（帯谷 2004：89-90）。この場合，上流と下流の人びとは，同じ社会に所属しながらも，開発から受けるメリットは，まったく逆になっている。この受益圏と受苦圏の重なりと分離の程度により，開発という環境改変によって生じる関係者の間の葛藤や協力は異なってくるというのが，受益圏・受苦圏論の骨子である。すぐに気づくと思うが，分離の程度が大きいほど，環境改変にともなう人びとの間の葛藤は激しくなり，いわゆる泥沼状態になりやすい。ただ，その葛藤は，受益圏と受苦圏の人びとの間の葛藤ではなくて，受益圏の欲求を代弁し，開発を進める，政府や行政，デヴェロッパーと苦痛を受ける住民との紛争というかたちをとることになる。

2）視点の転換について補足しておこう。研究グループの代表者である鳥越は，琵琶湖の研究から登場した生活環境主義について，次のように述べている。「私たちが『生活環境主義』という主義を主張する論拠は琵琶湖というフィールドの特殊性に基づいている。ふつう河川の上流にはそれほど人は住んでいないものである。…（中略）…淀川の中上流から人をとりのぞけば，淀川はきれいになるだろう。だが，そこにも人は住まねばならないという現状において，どのような現実的な政策が成立するだろうか。そのような問に基づいて『生活環境主義』が成立している」という（鳥越　1989：6）。本稿では，この生活環境主義の登場を，水問題へのアップストリームへの視点の提起と結びつけている。

3）このような山村の生活への視点の切り換えをはかった研究に内山（1989）がある。

参考文献 ･･

荒川康・鳥越皓之，2006，「里川の意味と可能性―利用する者の立場から―」鳥越
　皓之ほか編『里川の可能性―利水・治水・守水を共有する―』ミツカン水の文化
　センター：9-36

茅野恒秀，2014，「多様な主体による森林管理と地域づくり」蔵治光一郎・保屋野
　初子編『緑のダムの科学―減災・森林・水循環―』築地書館：126-140

古川彰，2005，「環境化と流域社会の変容―愛知県矢作川の河川保全運動を事例に
　―」『林業経済研究』51(1)：39-49

長谷川公一，2003，『環境運動と新しい公共圏―環境社会学のパースペクティブ―』
　有斐閣

石川達三，[1937] 1954，「日蔭の村」石川達三・中山義秀『石川達三　中山義秀
　集』（昭和文学全集 40）角川書店：41-116

嘉田由紀子，1995，『生活世界の環境学―琵琶湖からのメッセージ―』農山漁村文
　化協会

帯谷博明，2004，『ダム建設をめぐる環境運動と地域再生―対立と協働のダイナミ
　ズム―』昭和堂

奥井復太郎，1940，『現代大都市論』有斐閣

大野晃，1998，「現代山村の諸相と再生への展望」『村落社会研究』34：9-35

――，2005，『山村環境社会学序説―現代山村の限界集落化と流域共同管理―』農
　山漁村文化協会

沢畑亨，2005，『森と棚田で考えた―水俣発 山里のエコロジー―』不知火出版

――，2014，「水俣の"上流"社会での 20 年」『水俣学通信』36：7

四方八州男，2021，『つれづれなるままに～「環境情報」"しあわせレポート"より
　～』（有）環境情報（非売品）

東京市編，1939，『東京市政概要―昭和 14 年版』

徳野貞雄，2013，「都市農村交流から地域総合サポートセンターへ―熊本県水俣市
　久木野地区の『愛林館』の変容―」熊本大学文学部総合人間学科地域社会学研究
　室『水俣市・久木野地区の生活構造調査―2013』：1-5

鳥越皓之編，1989，『環境問題の社会理論―生活環境主義の立場から―』御茶の水
　書房

鳥越皓之・嘉田由紀子編，1984，『水と人の環境史―琵琶湖報告書―』御茶の水書
　房

内山節編，1989，『《森村社会学》宣言―森と社会の共生を求めて―』有斐閣

湯浅陽一，2023，「受益圏・受苦圏論の基本図式」環境社会学会編『環境社会学事
　典』丸善出版：140-141

自習のための文献案内

①　木平勇吉編，2012，『流域環境の保全（普及版)』朝倉書店

② 日本村落研究学会企画・藤村美穂編，2016，『村落社会研究 52 現代社会は「山」との関係を取り戻せるか』農山漁村文化協会
③ 矢作川 100 年史編集委員会，2003，『環境漁協宣言—矢作川漁協 100 年史—』

① は川の上下流の関係が抱える課題を，日本の複数の川を事例に論じた概説書である。② は，農村社会学の研究書であるが，上流社会は山村と重なることが多く，その現状について説明している。また，環境への目配りもなされている。③ は，矢作川と矢作川漁協との相互作用を軸に，下流から上流への漁協の関心の変化と NPO 化の連動について教えてくれる。上記の 3 冊は，いずれも社会学者が寄稿している。

第 5 章

労働からみる水と人のかかわり

川田　美紀

1　2種類の労働

　この章では，水を使う労働や水環境のなかで行う労働を通じた水と人とのかかわりに社会学的にアプローチする。ただその前に，この章で扱う「労働」とはどのようなものなのか，認識を共有しておきたい。

　労働という言葉から私たちがイメージするのは，おそらくその対価として金銭が支払われる，**市場経済**のなかに位置づけられる労働だろう。けれども，イヴァン・イリイチは，貨幣化されない労働に着目し，そのような労働は，賃金労働を支えている労働（**シャドウ・ワーク**）と，**その地の暮らしに根差した固有の労働（ヴァナキュラーな仕事）**の2種類に分けることができると論じている（イリイチ　1981＝1982）。このようなイリイチの労働のとらえ方をふまえて，この章では，労働を賃金労働に限定せず，とくにその地の暮らしに根差した固有の労働（ヴァナキュラーな仕事）に着目することにしたい。

　労働の概念を広くとらえて論じる理由は，2つある。ひとつ目は，労働は市場経済のなかに位置づけられるものだけではないため，2つ目は，位置づけが異なる複数の労働の相互関係をみることで，現在，私たちが直面している環境問題の一側面を浮き彫りにできると考えているためである。

2　労働を通じた環境とのかかわりの変化と環境問題

　日本の最初の公害といわれている足尾鉱毒事件は，鉱山の操業によって

1880年ごろからその下流域に生じた環境問題だが，それ以前に鉱山の操業による環境問題がなかったわけではない。

　飯島伸子は，江戸時代から1990年代ごろまでの環境問題の歴史を整理し，江戸時代にも鉱山の操業による環境問題は起きていたと述べている。ただ，それらの鉱山の多くは規模が小さく，被害者となった農漁業者の抗議行動の結果，閉山や補償金などによる解決に至る例が多かったと指摘している（飯島1993）。

　つまり，操業の規模の拡大とともに環境問題が深刻化したということになるが，新しい技術を導入することによって，規模を大きくするということは，工業分野だけでなく，明治期以降にあらゆる産業分野で行われ，労働にも大きな変化を与えた。たとえば農業では，田んぼは人力や家畜を使って作業をしていたが，1960年代ごろから全国各地で農業基盤整備事業が実施され，直線の区画に田を整備することによって，機械による作業が容易にできるようにした。除草作業は，除草剤を散布することで軽減した。これにより，少数の人間によって，より多くの面積の耕作が可能になったが，水田や水路から生き物がいなくなった。

　新しい技術を導入することによる規模の拡大，そのために行われた機械化などによる労働の質的変化とは，いわゆる工業化である。そして，そのような工業化の背景には，市場経済の発展，より具体的には土地の私有化と労働力の商品化があった（玉野井　1977）。

❸ 農業を通した水とのかかわり

　では，規模の拡大による労働の質的変化とはどのようなことであろうか。結論を先に述べると，それは，作業を分業化し，単純化し，働く人を没個性化するといった変化である。この変化は，生産効率の向上，作業の機械化と密接に関係している。農業，その中でもとりわけ水とのかかわりが深い水田稲作を例に具体的にみていくことにしよう。

　農業には水が必要である。なかでも米を作る田んぼでは，大量の水が必要となる。そこで，日本の農村では，川から田んぼに水を引くために，地域の人びとが組織（水利組合）をつくって共同の水利用施設を造り，さらに，争いが起こらないように水を分け合う工夫もしてきた。川からは，水を得るだけでなく，藻や魚介類を肥料にすることもあった。川の藻を採ることは，川の流れをよくする川掃除であるのと同時に，田畑の土を肥やすための肥料を得ることでもあった。田んぼでは，米を収穫することはもちろんだが，それ以外にもドジョウやタニシを捕って，おかずにすることもあった。

　ある空間において，用途の異なる利用が複数重複していることを，重層的利用という。重層的利用は，同一人物が行う場合もあれば，それぞれの利用を欲している異なる人びとによって行われる場合もある。同一人物の場合は，ある空間において，Aという利用をしたついでに，あるいはその合間に，Bという利用をするといったことがしばしばある。したがって，Aという利用をやめた場合，わざわざBという利用だけのためにその空間にいくことをしなくなり，Aという利用をしなくなるのと同時にBという利用もしなくなる場合がある。先の例で言えば，田んぼの耕作をする合間に，田んぼや水路でドジョウやタニシを捕るといった具合である。一方，異なる人びとが，異なる用途で同じ空間を利用することもある。同じ空間を利用するので，互いの利用の妨げにならないよう，利用する時間帯や時期がズレていたりする。このような同じ空間を異なる人びとが利用することを可能にしている背景には，法律上の所有権とは異なる**重層的所有観**がある（嘉田　1997）。

　表5-1は，昭和初期に日本で2番目に面積が大きい湖である，霞ヶ浦に面している茨城県鉾田市高田地区の田んぼや川，湖岸で採取・捕獲されていた動植物である。実に多様な利用がなされていたことがわかる。また，採取・捕獲されていた動植物の用途は，換金目的だけではない。つまり，金銭のやり取りが発生しないものが多くあったこともわかる。

　地域によって多少の時期のズレがあるが，日本では1960年ごろからそれまで人や家畜によって行っていた農作業を機械で行うようになり，肥料は近くの

表5-1　昭和初期に高田地区の水辺で採取・捕獲されていた動植物

種類	場所	主な用途
シジミ	川の河口	おかず
タンカイ（小）	湖岸	おかず
カモ	湖岸	換金，おかず
イタチ	湖岸	換金
ヒシ	湖岸	遊び，おやつ
マコモ	湖岸	ムシロ，家畜の餌
カバ	湖岸	ムシロ，蚊よけ
セリ	湖岸	おかず
ショウブ	湖岸・土手	節句飾り
ヒル	川	魚とりの餌
シジミ（小）	小川	遊び
タニシ	田	おかず，魚とりの餌
ドジョウ	田	換金，おかず，遊び

出典）川田美紀，2006「共同利用空間における自然保護のあり方」『環境社会
　　　学研究』12：140をもとに再構成

山や川から調達するのではなく，化学肥料を買ってきて使用をするようになっ
た。
　２節でも簡単に触れたが，農作業に機械を導入するためには，機械が田んぼ
に入りやすいよう，田んぼを平坦にしたり，直線の区画にしたり，水気の多い
田んぼ（湿田）は乾田化したりする必要があった。水に関しては，これまで田
んぼより上流の川の水を取水して，上流の田んぼから下流の田んぼに順次流れ
るようにしていたのを，田んぼより低いところから水を引くことを可能にする
揚水施設をつくり，そこから田んぼにパイプを通して水を供給するような整備
をしたところもある。そのような田んぼにはバルブが設けられ，バルブをひね
れば簡単に水が出るようになった。そのことによって，より広い面積を，より
少ない人数で耕作することが可能になり，面積あたりの収穫量も増えた。水害
の被害も受けにくくなった。その一方で，これまで取水と排水に使われていた
水路は排水路と化し，農薬の影響で田んぼにも水路にも生き物がいなくなり，
動植物を採取・捕獲する人たちも，子どもたちの遊ぶ姿もみられなくなった。

けれども，生き物がいなくなることは，農業の生産効率を上げるためにやむを
得ないと考えるのが，当時の社会では一般的であった。ごく一部の人たちが，
有機農業運動などを行っていたにすぎなかった。

　そのような社会一般の価値観は，時代の流れのなかでまた少しずつ変化して
いる。米の価格が下落し続ける一方で，環境に配慮した農産物は安心安全な食
べ物として，環境配慮がされていない農産物よりも高値で流通するようになっ
た。そのことは，環境保全に貢献したいと考える農業者だけでなく，農業で生
計を立てる，あるいは次世代に農業を継いでもらいたいと考える農業者にとっ
ても，環境保全型農業を魅力的な選択肢のひとつにしたと考えられる。

　滋賀県野洲市須原地区では，2008年から「魚のゆりかご水田プロジェクト」
という環境保全型農業に取り組んでいる。琵琶湖に面しているこの地区では，
1970年代に農業基盤整備事業を実施する以前は湖と田んぼの高低差が小さく，
湖から田んぼに魚が遡上して産卵することがあったが，農業基盤整備事業実施
後は，魚の遡上ができないほどに湖と田んぼの高低差ができた。農薬を使用す
ることになったこともあり，田んぼで魚をみかけることが少なくなった。魚の
ゆりかご水田プロジェクトは，湖につながる水路に堰を設置し，水路の水位を
緩やかに上げることで魚が湖から遡上・産卵できるようにするとともに，農薬
の使用を減らして安心安全な米作りをする取り組みである。

図5-1　堰を設置した水路
出典）筆者撮影

　現在，全国各地で環境保全型農業が行われている。どこで，どのような取り組みが行われているか，調べてみよう。

4 水利用施設を維持するための労働

　ところで，魚のゆりかご水田プロジェクトに取り組んでいる須原地区は，農作業が機械化される以前は，ほとんどの家が田んぼの耕作をしていたが，機械化にともなって離農する家が増え，現在は農家よりも非農家のほうが多い。地区の田んぼの面積にはほとんど変化がないが，より少数の家でその農地の耕作が担われている。かつては地区のほとんどの家が田んぼの耕作をしていたので，農業用水路も地区のみんなでメンテナンスをしていたが，今は農家のみでメンテナンスをしている。

　ただ，屋敷地周辺の水路は，農家／非農家関係なく，地区内の全世帯（ただし，高齢者のひとり暮らしなどは配慮される）で定期的に掃除をしている。ある役職者に，この水路掃除に都合がつかないなどの理由で参加できない住民がいた場合，地区としてはどのように対応するのか尋ねたところ，出不足金を徴収するとのことであった。しかし，それも悩ましいのだという答えが返ってきた。なぜかというと，「お金を払えば水路掃除をしなくていい」と思ってほしくないからなのだそうだ。水路掃除の労働は，本来，金銭に換算できる労働ではないのだが，出不足金を徴収することによって，金銭に換算できる労働（出不足金を払えば問題ない）と誤解されることを懸念しているのである。

　海野道郎は，水利施設のような地域の共有物のメンテナンスに必要なコスト負担には負担するものや便益の指標の性質によって衡平原理と平等原理の2つが動員されると述べている。金銭のコストは連続量なので耕作する面積に応じてそれぞれの負担量を割り当てることが容易だが，労働のコストは人手なので何人出すかということになり，さらに個人の身体的能力や技術の違いもあるので，面積に応じた負担量を割り当てることが難しく，もしそれができたとして

もそのようなシステムを運用するためにさらにコストが生じるので，各家から
ひとりずつといった平等原理が動員されると論じている（海野　2021）。

　たしかに，共同利用施設のメンテナンスに必要な労働は，施設によってもた
らされる便益に応じて割り当てる，ということが難しい。けれども，先述した
地域の役職者の悩ましさは，地域の共同利用施設のメンテナンスに関わるコス
トを地域の人びとが適切に負担する原理の問題以前に，その労働を金銭に置き
換える（お金で解決する）ことが，地域の人びとにとって当たり前になってし
まうことへの危機感であるように思われる。なぜなら，日本の農村では，伝統
的に水利施設のメンテナンスは，無償の**ムラ仕事**であり，それを金銭に置き換
え可能とすることは，ムラ仕事の労働力の流出につながる（玉城　1977）から
である。

Practice Problems　練習問題 ▶ 2

　地域の環境管理を地域住民が直接行う場合と，地域住民が金銭を負担して行う場
合では，何か違いがあるだろうか。町内一斉清掃を住民総出で行うケースと，清掃
業者に委託するケースを比較して考えてみよう。

5 家事労働を通した水とのかかわり

　前節では生業（農業）における労働を介した人と水環境のかかわりをみてき
た。では，家事労働における水と人のかかわりはどうだろうか。

　家事労働における水と人のかかわりには，野菜や魚などの食品・衣類・道具
などを洗う，煮炊きなどの調理をする，掃除をするなどがある。食材の調達ま
で含めると，動植物を採取・捕獲したり，養ったりすることもあるだろう。こ
のような家事労働における水と人とのかかわりにおいて大きな影響があると考
えられるのは，使用する水をどこから得るか，であろう。

　現在，日本の多くの家庭で利用されている水は，上水道の水である。上水道
が導入される以前は，湧き水・川の水・井戸水などが利用されていた。上水道
が導入されたあとも，湧き水・川の水，井戸水などを一部の用途で利用し続け

ている地域もあるが，利用しなくなった地域も少なくない。

　上水道の水と，湧水・川の水・井戸水などの大きな違いは，3つあげられる。ひとつは，質と量の両方において上水道のほうが比較的安定しているということである。湧水・川の水・井戸水にも安定しているものもあるが，雨が降ると濁ったり，砂や落ち葉，小さな生き物が混じったり，量が少なかったり枯れたりすることがある。2つめは，上水道の水は利用すると料金が発生する商品だということである。湧水・川の水・井戸水の利用においても金銭が徴収されることがあるが，それは水そのものの対価としての金銭が徴収されているのではなく，水利用施設の維持費である（鳥越　2012）。3つめは，水と人との距離の違いである。

　嘉田由紀子は，湧き水・川の水・井戸水などと上水道の水を対比して，前者を**近い水**，後者を**遠い水**と論じている（嘉田　2002）。ここで論じられている近い・遠いは，地理的距離，心理的距離，社会的距離の3つの側面からとらえたものであり，地理的距離は，人びとと水源とのあいだの距離である。心理的距離は，水に対する関心の度合いや，水の清浄性に対する信頼度が高いほど近いとされる。社会的距離は，水を管理している組織によって判断され，たとえば，近隣の数軒で管理している場合は，市町村などの自治体が管理している場合よりも近いとされる。

　利用する水が，湧き水・川の水・井戸水から上水道の水へ移行したことは，人びとが利用する水が近い水から遠い水になったとみることができる。では，具体的に，近い水はどのように利用されてきたのか，いくつかの事例を通してみていこう。

　まずは，茨城県にある霞ヶ浦に流入する河川，恋瀬川の上流にある集落の例をみてみよう。図5-2は，上水道が導入される以前の茨城県石岡市上曽地区の水利用の流れの模式図である。調査を行った2006年当時には，上水道と一部で井戸の水を利用していたが，かつては集落の多くの家が川の水を生活用水として利用しており，川の利用には，以下のような場所の使い分けがあったそうだ。

図5-2　上曽地区の川の流れと水利用

　集落内には３本の川があり，南（図5-2では最下部）の本流を"オオカワ"とよび，比較的汚い洗い物をしたり，排水を流したりしていた。ほかの２本の川は，本流から分岐している小川で，"カワ"とか"マエノカワ"とよばれ，飲用や野菜洗いなどに利用されていた。

　いくら場所の使い分けをしていたといっても，多くの人びとが利用すれば，水は汚れると思うだろう。けれども，集落に住んでいる皆が川の水に依存することができたのは，利用する場所以外にも細かなルールが多くあったためと考えられる。たとえば，ある高齢の男性は，子どものころ，"カワ"で用を足したり，汚物を流さないよう言い聞かせられ，聞き取りをした当時も排水を"カワ"に流すことはないと話していた。また，別の女性によると，かつて洗い物はほとんどすべてカワで行っていて，家の排水は庭に大きな穴を掘り，枯れ草や落ち葉と一緒に貯めて腐らせ肥料にしたと話していた。

　用途に応じて利用する川の場所を使い分けることに加えて，汚れた水は川に戻さないことが徹底されていたため，多くの人が川の水の清浄性を信頼し，川の水を利用することができたのだと考えられる。

Practice Problems　**練習問題 ▶ 3**

　人と環境との心理的距離を左右する（近づけたり，遠ざけたりする）要素にはどのようなものがあるか，考えてみよう。

6 意図せざる結果として失われた労働

こうした湧き水・川の水・井戸水の利用は，どのようなプロセスで手放されていったのだろうか。当然，上水道という代替システムの登場によるのだが，手放すきっかけは何だったのだろうか。それは，地域によって異なると思われるが，水源と水を取水（利用）する場所とのあいだに農地があって，そこで農薬を使用するようになったので川の水を使わなくなったという話は複数の地域で聞き取った。

また，ある山間地域では，次のような話を聞いた。その地域は山の水や井戸水を使用していて，上水道を導入して以降もそれらの水を利用し続けている家があった。その後，環境保全のために下水道を整備する話が持ちかけられ，地域住民は環境保全のためならと下水道の整備を受け入れた。ところが，またしばらくして市町村合併が行われて，上水道以外の水を下水道に流す場合は，それらの水の水量メーターを付けて，流した水量に応じた下水道使用料を支払うことになった。これを契機として，家のなかにあった山の水や井戸水の蛇口を使わないようになった家があったそうである。

上水道は安定してたくさんの水を得られるたいへん便利な施設であり，また，環境のために下水道の整備を受け入れるということも，一般的な判断だろう。けれども，もともとそれらの判断は山の水や井戸水などの利用をやめることとセットではなかった。しかし，結果的に山の水や井戸水を利用する選択肢が取りづらくなってしまった。

掃除，洗濯，料理などの家事労働に必要な水は上水道から得られるのだから，山の水や井戸水を利用しなくても，大した問題はないだろうか。たしかに，山の水や井戸水を利用せずに生活している人びとの感覚からすれば，それらを利用しなくても快適な生活を送ることができているので，問題ないと考えるかもしれないし，実際に，山の水や井戸水を利用してきた人びとも，そのように考えて山の水や井戸水を手放したのかもしれない。

もしそうであったとしても，ここで少し立ち止まって，上水道と山の水や井

戸水の両方が選択できる状況で，山の水や井戸水の用途には，どのようなもの
があるのか，みていくことにしよう。先述した下水道整備によって，とくに上
水道を使用している屋内では山の水や井戸水を利用する選択肢が取りづらくな
った地域では，山の水や井戸水を畑で採れた野菜や果物を洗ったり，それらを
冷やしたりしていた。図5-3のように現在も台所で上水道と井戸水を併用して
いるある女性は，井戸水は夏は冷たく，冬は温かいので，洗い物などをする時
に気持ちがいいのだと話していた。さらに，家のなかではなく屋外では，下水
道に接続していない山の水や井戸水が盛んに利用されており，農作業や掃除に
使った道具を洗う様子があちらこちらでみられた。川で釣ってきた魚のための
生け簀を設けている家も多数あった。

　これらの山の水や井戸水の利用の特徴として，次の2点を指摘することがで
きる。ひとつは，いずれも客観的にみて，その利用ができなくなることでただ
ちに生活に深刻な支障が出そうな利用ではなさそうだということである。飲用
水を得ることができないなど，ただちに生活に支障が出そうな利用であれば，
反発したり，苦情をいったりする住民の声が大きくなり，山の水や井戸水を継
続的に利用しやすいよう何らかの社会的な動きが起こる可能性は高くなるだろ
う。しかし，そのような展開にはなりにくい性質の水利用なのである。

図5-3　上水道と井戸水の水栓

出典）筆者撮影

　もうひとつは，どちらかというと，イリイチがいうところのその地の暮らしに根差した固有の労働（ヴァナキュラーな仕事）によって獲得される物，あるいは経済的意義が小さい生業活動（**マイナー・サブシステンス**）との関連が強い利用だということである。具体的にいうと，スーパーなどで購入した商品よりも，自分が作った農作物・自分が釣った魚の自家消費やおすそ分けに関連が強い利用である。たとえば，自分が畑で栽培した野菜には土が付いているので泥を落とすために洗う必要があるが，スーパーで売っている野菜の多くには土は付いていないので，そのプロセスは不要になる。だとすると，湧き水利用という選択肢をなくすことは，自分が作った農作物，自分が釣った魚の自家消費やおすそ分けがしづらい状況を生み出し，人びとに山の水や井戸水を利用するプロセスを必要としない，商品としての野菜や魚を購入するよう促す可能性がある。

Practice Problems 練習問題 ▶ 4
　自分が栽培した野菜や果物，釣った魚などを自分で食べたり，家族や友人に振る舞ったことはあるだろうか。逆に，家族や友人から振る舞われたことはあるだろうか。そのような振る舞いに対して，あなたはどのようなお礼のしかたがよいと考えるだろうか。

7 その地の暮らしに根差した固有の労働がつくる社会

　これまでさまざまな労働を通じた水と人のかかわりを記述してきた。ここまで読み進めてきたみなさんは，もう気付いているかもしれない。冒頭で述べた規模の拡大による労働の質的変化とは，その地の暮らしに根差した固有の労働（ヴァナキュラーな仕事）が，市場経済のなかにのみ込まれて失われていくプロセスである。それは，具体的には，身近に得られる無償の水や水がもたらす動植物を利用する自然の循環に寄り添った多義的な労働から，遠くから調達してくる有料の資源を消費しながら行う生産効率重視の労働への変化である。

　このような変化が起きているとしても，「上水道のない暮らしなど考えられ

ないし，完全自給自足の暮らしなどありえない」という人は，おそらくとても多いだろう。そのような考えを否定するつもりはないし，昔の生活に戻ろうと主張するつもりもない。けれども，その地の暮らしに根差した固有の労働（ヴァナキュラーな仕事）の領域を拡げることは，これからの私たちの生活の充実のために重要なのではないかと考えている。

なぜそのように考えるのか。水環境から話が逸れるが，内山節は，地方が衰退した理由について，兼業化やサラリーマン化によって，労働と生活のかたちが都市化し，地域固有の労働や生活，文化が衰退したからであると述べている。地方における労働の都市化に成功すればするほど，その地域で暮らすことの価値が失われ，持続性のない地域をつくってしまうのである（内山　2016）。

では，どうすれば，その地の暮らしに根差した固有の労働（ヴァナキュラーな仕事）の領域を拡げることができるのだろうか。その手がかりとなりそうな事例を紹介したい。

岐阜県郡上市和良町では，有志によって結成された住民組織「和良おこし協議会」が和良町内の人びとに向けた活動と，和良町外の人びとに向けた活動の両方を行っており，とくに和良町外の人びとに対しては田んぼオーナー制度や鮎釣り教室などのグリーンツーリズムに取り組んできた。

田んぼオーナー制度は，年間1口20,000円を出資すると田んぼオーナーになることができ，年間1俵（60kg）の玄米が保障されるのに加えて，3回の農作業体験に参加することができる（2022年度）。農作業体験は，田植え，草取り，稲刈りで，午前中に農作業をして，その後，みんなで昼食を食べて解散となる。昼食は，現地で採れたものを使った料理——春であれば野草の天ぷら，夏であれば鮎の塩焼き，秋であれば栗ご飯など——が提供される。

この活動で興味深いのは，和良おこし協議会の人たちは，田んぼオーナーの会費がほかの地域の田んぼオーナー制度とくらべて安いとか，鮎のおいしさは全国グランプリで何度も優勝するほどだというアピールもするのだが，現地に住んでいる人たちと，オーナーになって外からやってきた人たちが，一緒に農作業をして汗を流したり，収穫の喜びを共有したりすることを重視している点

である。お互いを名前で呼び，個別具体的なつきあいをしている。そして，田んぼオーナーになって和良町を繰り返し訪れている人たちも，「安い」とか「おいしい」が和良町を訪れる最大の理由ではなく，自分たちの農作業が現地の人たちの農作業負担を軽減して米作りの役に立っていると考えているわけでもなく，和良町の人たちに会いに来ている，つきあいの感覚が大きいように思えるのである。それは，和良町の人たちと田んぼオーナーの人たちの生産だけではないつきあいとしての労働ととらえることができるかもしれない。

　田んぼオーナー制度は，出資をすることでイベントに参加したり，収穫された米を得ることができる仕組みになっているので，一見すると，イベントに参加するための参加費を支払ったり，米を購入するのと同じことをしているように思える。けれども，少なくとも和良おこし協議会が取り組んでいる田んぼオーナー制度は，イベントや米の対価を支払うという理解では違和感がある。

　実は先に述べた「安い」や「おいしい」と，つきあいは評価の対象が異なっている。前者はモノに対する価値評価，後者はモノの背景にある人や地域と自分との関係に対する価値評価とみることができる。たとえば，ある商品を「安い」とか「おいしい」という価値評価で購入している場合，同様のクオリティでより安い，おいしい商品があれば，そちらを購入するよう行動が変化するだろう。一方で，つきあいは商品を作っている人や商品が生み出される地域に価値を見い出している。それは価値評価する人の，作り手の生き方への共感であったり，生産地へのエールであったりする。

　鳥越皓之は，三重県宮川村で地元の水の商品化を契機に川掃除などの環境保全へと活動が広がっていった事例を紹介し，成功している地域づくりには組織上の共通点があり，それは地域への惚れ直し——愛着・愛情——が大きく働いていることだと述べている（鳥越　2000）。

　鳥越のいう愛着・愛情は，地域活性化のための住民組織の議論の文脈で論じられていることから地元の人びとのものを想定していると考えられるが，この愛着・愛情は地元の人びとにとどまるものではなく，先ほど述べた共感やエールというかたちで地元以外の人びとにも拡大可能なものであるように思われる。

　この章では，水を使う労働や水環境のなかで行う労働から，水と人とのかかわりについて論じた。水を使う労働や水環境のなかで行う労働は，作業の機械化や上水道システムの導入などを契機として市場経済のなかにのみ込まれていったことがわかった。金銭を支払うことで，生活に必要な水を安定して大量に得られるようになったが，それまで利用していた地域固有の水環境とのかかわりは人びとが望む／望まないにかかわらず減っていった。つまり，人びとと環境との関係の疎遠化が進んだ。けれどもその一方で，地域にあるものを生かした，共感などの感情をともなった地域活性化の取り組みがあることがわかった。また，そのような取り組みのなかに「つきあい」としての労働を見い出した。

　「つきあい」としての労働は，市場経済の論理とは明らかに異なる理屈で成り立っている。その地の暮らしに根差した固有の労働（ヴァナキュラーな仕事）の新しい形とみることができるのではないだろうか。しかも，共感や愛着といった感情をともなうとすれば，疎遠になった環境との心理的距離を縮める可能性があるように思われる。

■ 参考文献 ....

飯島伸子，1993，「環境問題の社会史」飯島伸子編『環境社会学』有斐閣

Illich, Ivan, 1981, *Shadow Work*, Marion Boyars.（＝1982，玉野井芳郎・栗原彬訳『シャドウ・ワーク―生活のあり方を問う―』岩波書店）

嘉田由紀子，1997，「生活実践からつむぎ出される重層的所有観―余呉湖周辺の共有資源の利用と所有―」環境社会学会『環境社会学研究』3：72-85

――，2002，『環境社会学』岩波書店

玉城哲，1977，「農業における自然と経済」中岡哲郎編『自然と人間のための経済学』朝日新聞出版：209-229

玉野井芳郎，1977，「広義の経済学への道―共同体の再認識のために―」中岡哲郎編『自然と人間のための経済学』朝日新聞出版：4-35

鳥越皓之，2000，「盛り上がり協力隊の叢生」『環境情報科学』29(3)：40-41

――，2012，『水と日本人』岩波書店

内山節，2016，「邑の復興」農村計画学会『農村計画学会誌』34(4)：440-443

海野道郎，2021，『社会的ジレンマ―合理的選択理論による問題解決の試み―』ミネルヴァ書房

自習のための文献案内

① 徳野貞雄，2011，『生活農業論—現代日本のヒトと「食と農」—』学文社
② 鳥越皓之，2012，『水と日本人』岩波書店
③ 中山元，2023，『労働の思想史—哲学者は働くことをどう考えてきたのか—』平凡社
④ 丸山真人，2022，『人間の経済と資本の論理』東京大学出版会

①は，生産力の観点のみではなく，生活の一部として農業をとらえる視点を提示している。②は，社会学および民俗学の手法を使ったローカルな水と人とのかかわりに関する研究書である。③は，さまざまな哲学者の労働をめぐる議論をわかりやすく紹介している。④は，市場経済や資本主義と環境問題の関係について論じている。

第6章

観光地化を目指さない
アクアツーリズム

野田　岳仁

1 マスツーリズムを問い直す

　新型コロナウィルス感染症（COVID-19）の世界的大流行によって，従来型の観光のあり方であるマスツーリズムは根本的に問い直され始めている。観光は，ヒト・モノ・カネのグローバルな移動を加速させてきた近代的な社会現象の典型であり，新型コロナウィルスの発生源とされる中国・武漢から瞬く間に世界中にウィルスが蔓延した原因のひとつともされているからである。もっとも，「観光公害」という言葉があるように，新型コロナウィルスの流行以前から世界各地で**オーバーツーリズム**[1)]によるさまざまな問題が指摘されてきた。

　世界的観光都市として知られる京都の祇園エリアにある看板には，ピクトグラムで外国人観光客にもわかるようにメッセージが発せられている。京都では「舞妓パパラッチ」という言葉があるように，舞妓や芸妓を追いかける外国人観光客による迷惑行為や観光客のゴミのポイ捨てなどのマナー違反が相次いでいる。地元では，私道での許可のない撮影行為には1万円の罰金を設けるなどの対策を講じるほど観光公害に悩まされているのである。こうした問題においては，しばしば外国人観光客のマナーの悪さという問題に矮小化されがちであるが，それだけだと問題の本質を見誤る恐れがある。

　観光とは，大衆社会の産物であり，思い切った言い方をすれば，**ある空間を大衆化させる機能をもっている**からである。さらにいえば，観光は，観光客の自由や自発性を発揮させるものとして発展してきた歴史をもっている。したがって，観光には，あらかじめ**大衆性**という性質が内包されていると理解してお

たほうがよいだろう。観光に取り組む限りは，国籍を問わず観光客による自由な振る舞いを避けられないし，大衆に迎合するような観光地づくりの弊害と向き合わざるを得ないからである。

このことをふまえた上で，アフターコロナ時代の観光とはどうあるべきなのだろうか。このような時代だからこそ，地元住民の暮らしと観光を両立させる政策論を構想していく必要があろう。

そこで本章では，水辺空間で展開される**アクアツーリズム**という新しい観光実践を取り上げたい。驚くことに，アクアツーリズムでは，地元住民の舟小屋や台所といったきわめてプライベートな生活空間さえも観光の対象となっており，当該地域において地元住民の暮らしと観光を両立させるためにさまざまな創意工夫がなされているからである。本章では，大衆的な観光地化を目指さず，地元住民の暮らしを成り立たせる手段として観光に取り組んできたアクアツーリズムの2事例を取り上げて，アフターコロナ時代の観光のあり方のヒントを探ることにしたい[2]。

Practice Problems 練習問題 ▶ 1

　オーバーツーリズムによる問題とはどのようなものだろうか。調べてみよう。

② 「舟屋のまち」の観光地化

ひとつ目は，京都府与謝野町伊根町の事例を取り上げる。伊根町の中でも伊根浦とよばれる伊根湾に面する地域は，年間30万人もの観光客が訪れる「舟屋のまち」として広く知られている。水辺空間で展開される観光は「アクアツーリズム」ともよばれるようになっている（野田　2019）。伊根浦では観光のあり方をめぐって地域が揺れている。なぜ地元住民は行政が推し進めるマスツーリズムに反対するのか，その理由をみていくことにしよう。

このように述べると，水辺空間の「保存」と行政が進める「開発」の対立という構図が浮かぶかもしれない。そこで，環境社会学における歴史的環境保全

の議論に触れておこう。というのも，このような**「保存」か「開発」かという二**
項対立的な考え方を刷新してきた経緯があるからである。

　たしかに歴史的環境保全運動の当初は，歴史的価値のある建造物や町並み，
風景を守るために開発の差し止めや計画の変更を目指したものであった。とこ
ろが，1970年代近くになると，「保存」と「開発」の二項対立を乗り越える論
理が現場から生み出されることになる。長野県の妻籠宿の保存運動では，「保
存こそ真の開発」であるという考えのもとで伝統的な町並みを復元させ，過疎
地域に観光客数の増加をもたらすことになった（木原　1982：鳥越　2004）。こ
のように，歴史的環境保全の現場では，「保存」と「開発」という考え方は必
ずしも対立するものではなく，問われるべきは，歴史的環境保全が**「地域社会**
の豊かさ形成」につながるかどうかであることが提起されたのである。ここで
いう豊かさとは，「経済的な豊かさ」よりも「心の豊かさ」を求めたものであ
る。現場では，特定の建造物の保存運動だけに終わることなく，その建物など
の施設を抱えた地元の暮らし全体のありようを問い直す運動になっていくから
である（鳥越　1997）。

　そこで，伊根浦という地域社会の豊かさ形成にアクアツーリズムがどのよう
につながるのかに注目して事例をみていくことにしよう。

　伊根浦は江戸時代には日出村，平田村，亀島村の3つの村で構成されてい
た。その地域的なまとまりは現在も残っており，夏祭りはこの3つに分かれて
行われている。8つの集落（日出，西平田，東平田，大浦，高梨，立石，耳鼻，亀
山）に339戸，856人が暮らしている（伊根町町勢要覧　2018年）。

　伊根湾とその周辺はよい漁場とされ，鰤漁などの漁業で古くから栄えてきた
地域である。さらに，伊根の漁を語る上で欠かせないのは，鯨（クジラ）漁で
ある。江戸時代から大正時代の記録の残る「鯨永代帳」には，256年間で355
頭の鯨が捕れたことが記録されている。湾内に入ってくる鯨を村人総出で捕獲
し，その利益で祭りのための荘厳な屋台船をこしらえたそうである。伊根の人
びとにとって，鯨漁は人びとの絆や団結を生み出したものとして語り継がれて
いる。

写真6-1　伊根の舟屋群
出典）筆者撮影

　ところが，伊根浦の発展を支え続けた漁業は衰退しつつある。町の統計によれば，1988（昭和63）年に389人いた漁業従事者は，2013（平成25）年には半分以下の173人まで減少している。漁業が頭打ちになったいま，新しい地域の産業として観光が期待を集めることになっているのである。

　伊根浦が一躍有名になったのは，美しい舟屋の景観である（写真6-1）。舟屋とは，1階が舟のガレージで2階が居住空間（もともとは物置）になっている建物のことを指す。舟のガレージを兼ねているので，舟屋は海に面するように建てられている。

　ここで写真6-2をみてみよう。この写真では，左から江戸，昭和初期，大正時代の舟屋が並んでいる。写真の舟屋は伝統的な形を残しているとされている。現代よりも間口も広く海に向かって沈みこむように建てられている点に特徴がある。まさに舟の小屋といった趣である。

　伊根浦には230もの舟屋があるといわれており，まさに湾を取り囲むように舟屋が海に浮かんでいる光景は圧巻である。「東洋のヴェネツィア」という呼び方があるように，このような伊根浦の景観は日本ではもちろん，世界でもとても珍しいものである。

　伊根浦は，現在のように年間30万人もの観光客が訪れるような観光地ではなかった。もともと釣り客が訪れるような静かな漁村だったのである。湾内に

写真6-2　江戸期から昭和初期の舟屋

出典）筆者撮影

は釣り客をターゲットにした個人経営の民宿があるだけで，目立った観光施設
があるわけではなかった。

　伊根の舟屋が全国的に知られるようになったのは，1993（平成 5）年に NHK
連続テレビ小説「ええにょぼ」の舞台となったことである。この年の観光客数
は前年比で約 2.5 倍となる年間 38 万以上の観光客を集めた。それ以降は，20
万人から 25 万人で推移していたが，2005（平成 17）年に国の伝統的建造物群
保存地区にも選定され，地域ぐるみの観光振興への機運が高まっていく。

　2016（平成 28）年には，京都府および北部 7 市町（福知山市，舞鶴市，綾部
市，宮津市，京丹後市，伊根町，与謝野町）が緊密に連携し，地域主導によるブ
ランド観光圏「海の京都」を確立するために，観光まちづくり法人（DMO）
が立ち上がった。その結果，近接する府内屈指の有名観光地である天橋立とあ
わせて伊根の舟屋も主要な観光名所として位置づけられていくことになった。
伊根町は，「伊根浦観光振興ビジョン」の中で，2020（令和 2）年に年間 50 万
人の入込客数を目標に掲げていた。

　筆者は，伝統的建造物群保存地区に選定されたあとから伊根浦に調査に訪れ
ているが，その当時はひっそりとしたのどかな漁村が変わっていく様子を目の
当たりにし，マスツーリズムの観光地への変貌には少し懸念を抱いてもきた。

たしかに府や町，DMO が推進する「海の京都」というブランディングは，観光客誘致の観点からみれば大きな成功を収めているようにみえる。しかしながら，現場で暮らす人たちの立場に立ってみれば，このように手放しで評価できる状況にはないからである。

　地元の人びとの考えでは，急激な観光客数の増加は現場に暮らす人びとの生活を脅かすものでもあったという。いうまでもなく，伊根浦一帯は地元の人びとの生活領域である。伊根浦は周囲を山に囲まれており，平地がほとんどない。海があり，舟屋があって，一本道の狭い道路を挟んで山側に母屋という空間配置になっている。古くはこの道路もなく，人びとは舟で対岸との間を行き来していたものだという。高梨という集落が海を挟んで対岸の亀山・耳鼻・立石と同じ行政区に属しているのはその証左となっている。

　一本道の狭い道路は，住民のいわば生活道路であり，大型の観光バスが迷い込んでしまえば，たちまち身動きがとれなくなってしまう（写真6-3）。現在は迷い込み対策が行われているものの，それでも誤って侵入する車があとをたたない。

　観光客のお目当ては，むろん舟屋である。舟屋は，海に面して建っているため海側からその光景をみたいと思うはずなのだが，海上タクシーの数は限られ

写真6-3　迷い込む観光バス

出典）筆者撮影

るし，少々値も張る。したがって，直接舟屋を覗き込んだり，無断で立ち入るようなことが相次いだという。ただ，舟屋は見世物ではない。舟屋では洗濯物を干していたりして，船上から舟屋を覗き込まれることも気分のよいものではないという。住民の立場からすれば，文字通り住民の生活空間に土足で立ち入られるような感覚になるからである。こうした観光客と地元住民とのトラブルが生じたことで，住民の生活と観光とをどのように両立させればいいのか，地元では頭を悩ませているのである。

　けれども，地元の人びとは観光そのものに反対しているわけではない。漁業が頭打ちとなり，観光に活路を見い出している人たちも少なくないからである。先にみた海上タクシーにも漁船を転用するケースがみられる。漁師が観光の足を担うようになってもいるのである。このようにみれば，観光そのものではなく，行政による観光の方向性をめぐって人びとは不満を抱えていることがわかる。ここで両者の立場を理解するために地域を揺るがすことになった出来事をあげておきたい。

❸ 地域を揺るがしたホテル建設計画

　地域を揺るがす出来事とは，行政主導によるホテル建設計画が持ち上がったことである。先に述べたように，伊根浦には個人経営の民宿があるだけで団体客を受け入れられるようなホテルはない。伊根浦では当時16軒の民宿があり，そのうち13軒は舟屋を改装した一棟貸しの民宿であった。観光地化を推進する府や町，DMOにとっては，伊根浦の宿泊数を増やし観光消費額を伸ばすことが課題となっていたのである。

　2018年9月9日の京都新聞の記事をみていこう。同年5月に伊根町亀島の道の駅「舟屋の里伊根」敷地内に民間のホテル建設計画が浮上した。伊根町企画観光課によれば，事業者は積水ハウスで，前年5月に府を通じて打診があったという。ホテルは軽量鉄骨構造2階建てで部屋数は50室程度。宿泊料金は1室1万2千円ほどで，食事の提供はない。町は土地使用料収入と一定の雇用

創出などを見込めるとして誘致に動いたようだ。町の担当者は，近年の観光客数の急増を受けて，「ホテルができれば，まつりの時期や年末年始にも対応できる。観光消費額を伸ばすことができるだろう」と記事で述べている。

6月18日には，伊根町が伊根町商工会，伊根町観光協会，伊根浦舟屋群保存会の3団体の会員向けに説明会を開催した。説明会では，ホテル計画に対して地元団体の会員から不安の声があがった。町は「宿泊施設不足を解消できる」といったメリットをあげた。しかし，記事によると，地元団体からは「舟屋が並ぶ景観にそぐわない」，「地元業者を圧迫するのではないか」などの意見が出されたという。町は，ホテルの建設は舟屋のみえない高台に建設するため「地元業者とは競合しないと考えている」と説明したが，地元団体は，「地域住民による宿泊施設の新規開業などに影響があるのではないか」と懸念を示したという。

たとえば，伊根浦舟屋群保存会会長は「舟屋は魚釣りをしたり漁に出たり，思い出の詰まった場所。他力本願でなく，住民主体で地域を盛り上げみんなが恩恵を受けられるようにしたい」と話した。穏やかだが，反対の意志を示したといえる。

3団体は，7月にホテル計画反対の意見書を町に提出した。これに対して，町は8月6日付けで3団体に対して「住民の皆さまの賛同と地域の理解が無ければ，用地提供をはじめ事業に協力することはできない旨，京都府と事業者に伝えた」と返答した。伊根町商工会，伊根町観光協会，伊根浦舟屋群保存会の3団体の会員数をあわせると，住民の過半数を超える。そのため，行政はまちの総意が反対でまとまっていると理解したようである。最終的にはホテル建設計画は断念することになったのである。

ここで，両者の立場をまとめておこう。府や町，DMO の進める観光の方向性とは，外来型の開発であり，典型的なマスツーリズムの観光振興の手法である。それに対して，住民側の観光の方向性とはどのようなものなのであろうか。観光そのものに反対ではないとすれば住民側はどのような観光の振興を望んでいるのだろうか。

　ここで3団体の内の伊根浦舟屋群保存会が町に提出した反対の意見書をとりあげてみよう[3]。少し長くなるが，住民の観光に対する考えがあらわれているため丁寧にみていこう。これは町によるホテル建設計画の説明会のあとに保存会の役員会を経て出された意見である。主張の骨格は，次のようなものである。

　　この伊根浦の景観は，全国的に類をみない景観であり，伊根の誇れる財産・宝であると同時に町全体の未来を担う重要な町づくりの核であるとの認識をもって事業推進に取り組んでおります。観光客が増えて宿泊施設の受け入れが不足している現況ではありますが，伊根湾や青島及びこれらを囲む魚付保安林という環境とあいまった独特の歴史的景観を守るため，重要伝統的建造物群保存地区内でのホテル建設という開発行為ではなく，町民全体の宝である舟屋群等の景観を未来に残すことのできる，伊根湾全体がホテル構想のように地元の人が活性できる制度，施策を充実していただきますようお願いします。

　さらに意見書では，「最近，日本人観光客はもとより，外国人観光客の増加はすごい勢いです。観光客が増えると『道路をよくしよう』，『収容できるホテルを建てよう』と結びつくのです。『三人寄れば文殊の知恵』という言葉があるように，どんな町づくりをするか，どんな町に住みたいかを多くの人の参加で検討してほしい」と町に要望している。

　その上で，意見書は，「伊根浦の風景・景観は，長い年月の漁業生活の中で，地形と生産活動に合うように造り出されてきました」として，次のように続ける。

　　私たちは，保存の基本は伊根浦漁業の活性化だと考えています。多くの人の雇用を維持し，舟屋の維持，管理に漁師の関わりは絶大だからです。今ひとつは，生活の場の集合体である伊根浦舟屋群の観光化は，そこに住む住民が恩恵を受けるように，もうける人とゴミをもらう人にする町でなく，多く

の住民が収入を得るような町づくりをすべきだと考えています。さらに，観光客がいっそう増える要素は電信柱の地中化，放水銃の設置による火災への備え，舟屋民宿を増やして収容能力をあげるなどが必要だと考えます。

　このように，自分たちの望む観光のあり方を提起した上で，「保存地区内での企業によるホテル建設は断念していただきたい」と主張している。

　注目すべきことは，地元団体も決して観光を否定しているわけではないことである。むしろ観光に対しては積極的にもみえる。漁業が頭打ちになったからこそ舟屋景観を維持するためにも，舟屋民宿として舟屋を活用することを目指しているのである。このような考え方は，住民の舟屋民宿による伊根浦ホテル化構想にあらわれている。伊根浦ホテル化構想とは，伊根浦の地域全体をひとつのホテルのように見立てて，個性のある個人経営の民宿をホテルの1部屋のように考える構想のことである。とてもユニークなアイデアである。

　伊根町観光協会のHPには，個性豊かな民宿が紹介されている。舟屋民宿はもちろんベイビューで眺めは抜群である。舟屋の内部には1，2部屋程度しか確保できないため，1棟貸しが基本となる。1人2食付きで1万円〜4万円程度までの高級路線であるが，予約は殺到している。コロナ後も早期に回復しており，影響は最小限にとどまっているという。現在の民宿は30軒ほど（舟屋民宿20軒以上）に増えている。

　このように，府や町が心配している宿泊施設不足という課題に対しても住民の側が解決策を用意している点が注目される。観光客にとってこの伊根浦ホテル化構想は，画一的な客室が備わるビジネスホテルよりもはるかに魅力的なものになるように思われる。

4 「漁業のまち」から構想される観光

　その上で見逃せないことは，両者の観光振興の将来についての意見の違いである。この意見の違いは，たんなる観光ビジネスのモデルの違いにとどまら

ず，伊根浦という地域への両者の認識のズレによるものだと考えられるからである。今後の観光の行方を見据えるならば，伊根浦をどのような「まち」と認識し，どうありたいのかという人びとの価値観や志向性をきちんとふまえる必要があるだろう。

　府や町，DMO は，伊根浦を「舟屋のまち」として売り出すことに躍起になっている。観光客の認識もその通りであるから，マーケティング的には成功しているといえるのかもしれない。しかしながら，地元の住民の認識はこの成功とは評価のポイントが異なっている。たとえば，聞きとりを重ねても，伊根を「舟屋のまち」と認識する地元住民には出会うことはなかったからである。これはどういうことなのだろうか。

　反対文書を見返してみよう。住民側が伊根浦は「舟屋のまち」ではなく，あくまで「漁業のまち」として認識している点を見落としてはならない。舟屋とは，漁業という生業とその暮らしがつくりだしてきたものだからである。漁業が衰退してしまっては，舟屋を維持する必要性が薄れてしまう。実際に「舟の入っていない舟屋は舟屋ではない」という声が住民から聞こえてくるのは，漁業や暮らしに必要な舟が入ってこその舟屋という考えに基づいているからである。つまり，住民側は，漁業を守ることなしに，舟屋の景観を守ってもそれは本末転倒ではないかと考えているのである。とはいえ，漁業の活性化には時間がかかるし，一筋縄でいかないことも理解している。

　それがわかっているからこそ，漁業が再び活性化するまでの「温存措置」のように観光を位置づけているようにみえる。すなわち，地元の人びとにとっての観光とは，舟屋を民宿に活用し，美しい景観，舟屋のある暮らしを守っていくため手段なのである。[4]

　このようにみれば，住民側による伊根浦の観光振興の方向性には，マスツーリズムとは異なる「**生活保全のための観光**」とでもよべるような考え方が貫かれていることが理解できよう。伊根浦では，生活保全の手段に観光を位置づけることによって，はじめて地域社会の豊かさ形成につながると考えられているのである。

　これまでみてきたように，利用価値の低下した水資源や水辺空間はそこに目をつけた外部アクターによって新たに観光資源としての価値が見い出される傾向にある。しかし，観光資源化することを通じて地域資源にかかわろうとするアクターの正当化の論理は，しばしば当該地域で育まれてきた資源利用の論理とはズレを生みだす。伊根浦の事例は，いわば行政という外部アクターと地元住民との対立であり，その構図は理解しやすいものであっただろう。けれども，実際には現場に暮らす住民同士で対立を抱え込んでしまうこともある。時には地域が分断しかねない場合もあり，地元住民にとってはとても深刻な問題となる。

　そこで，次に，アクアツーリズムの振興にあたり，国の重要文化的景観選定制度の受け入れが地域の分断を招きかねない事態となった事例を取り上げてみたい。地元集落が制度受け入れに慎重だったのは，選定を受ければ，観光客の増加が予想され，観光地化が進むとも考えられたからである。したがって，当該集落は当初受け入れに積極的ではなかった。しかし，その後一転して，受け入れることになる。国の重要文化的景観選定をめぐって当初は受け入れに積極的ではなかった集落が何故に選定を受け入れることを決めたのか，その理由をみていくことにしよう。

5 水辺景観の保存と観光地化への懸念

　近年の文化的景観への注目度の高まりを受けて文化庁はそれらの景観を保存しようと「重要文化的景観」という選定制度を設けている。これは 2004（平成16）年の文化財保護法の一部改正によって始まった新しい文化財保護の手法である。この制度は，とりわけ地方自治体が期待を寄せる政策のひとつでもある。というのは，「文化的景観は，個々の建物所有者の資産であるにとどまらず，地域にとって資産に付加価値をもたらすものであることになる。いわば，地域資産としての文化的景観という位置づけが可能」（金田　2012：33）なものだからである。したがって，地方自治体は，地域固有の景観を保存すること

で，それを観光資源として活用したり，地域づくりの契機にしようと考えているのである。

　ところが，地方自治体の期待とは裏腹に思惑通りには進んでいない。それらの制度が地元住民の思わぬ反発を招くことが少なくないからである。再び環境社会学における歴史的環境保全の研究蓄積に学べば，それらの保存制度のもたらす地元の反発理由は次のようにまとめられる。すなわち，文化財（文化遺産）は保存と公開を前提としたものであり，一旦保存された文化財はそれを公開するために永久に維持されることが期待されるものである（荻野編　2002）。したがって，それによって生活に支障をきたす事態が懸念されたり，保存の対象物が住民の日常生活とかけ離れたものとなってしまうことの問題性が論じられてきた（牧野　1999；荻野編　2002；足立　2010）。つまり，現場では保存制度をどのように位置づけるかが課題となっているのである。とりわけ，事例で取り上げる集落においては従来の建造物とは異なり，「台所」というきわめてプライベートな生活空間が保存の対象とされることになった。では，なぜ人びとは受け入れを決めたのだろうか。

　滋賀県高島市新旭町針江集落は，琵琶湖の北西部に位置する湖畔集落である。市内を流れる安曇川の扇状地であるため，古くから水が自噴し，人びとはそれを「生水（しょうず）」とよび，「カバタ」とよばれる湧水施設（台所）を設けて生活用水として利用してきた（写真6-4）。現在はおよそ170戸660人が暮らし，その内の110戸でカバタが利用されている。

　針江集落は隣接する霜降集落とともに2010（平成22）年に文化庁による重要文化的景観「高島市針江・霜降の水辺景観」の選定を受けている。その選定の対象となったのは，このカバタをはじめとして集落を流れる水路，水田，そして琵琶湖に連なる水辺景観である。しかしながら，選定にあたって何より重要視されたのは，社会的要素という観点であった。

　針江集落が社会的要素として高く評価された理由は，集落住民による水辺の保全活動にある。針江集落では，それらの活動を担う組織が二つある。ひとつは，自治会組織である「針江区」であり，年に一度の全戸参加の溝掃除と年に

写真6-4　針江集落のカバタ
出典）筆者撮影

四回集落内を流れる針江大川の清掃活動を指揮する。もう一方は，2004年に結成された「針江生水の郷委員会（以下，NPO）」という組織である。集落住民だけで構成された，いわば集落NPOである。自治会で担いきれない環境保全活動や地域の課題への対応を行なっている。実際に，このNPOが設立されたきっかけは地域の課題に対応するためであった。

　2004年に針江集落のカバタがNHKの番組で紹介され，多くの人びとが集落を訪れるようになった。カバタは住民の台所である。見学者とのトラブルを解消するためにNPOはカバタの「見学ツアー」を考案したのである。見学ツアーはガイドボランティアがついて数軒のカバタを案内する。見学者ひとりにつき1,000円の料金をとり，売り上げは環境保全活動にあてている。見学ツアーの参加者数は右肩上がりで増加し，ピーク時には年間一万人に迫る勢いであった。いわば，針江集落におけるアクアツーリズムは，地域の課題を引き受けるかたちではじまったコミュニティビジネスである。このような住民による活動が社会的要素として高く評価されたのである。

　ところが，行政側からの打診に対して集落の人びとは，当初は消極的な態度だった。重要文化的景観の選定に個人の台所であるカバタが含まれていたことが理由ではないかと考えられるかもしれないが，そうではなかった。じつはそ

れよりも受け入れの問題となっていた事情があった。それは集落内部で葛藤を抱えていたことである（野田　2013b，2014）。表立ったものではなかったが，NPOが運営する見学ツアーをめぐってNPO側と自治会を含めたその他の住民とで意見が対立していたのである。

　というのも，NPO側からすれば見学ツアーは集落を守るための活動であったのだが，多くの住民たちにはそれがお金儲けという経済的な利得のために積極的に観光に取り組んでいるかのようにみえていたからである。多数の集落住民は，集落はあくまで生活空間であって決して観光地にはしてほしくないと考えていたのである。地元住民でつくるNPOはそのことを十分理解していたのだが，見学者に積極的にもてなしていく姿勢が誤解を生むことになってしまったのである。この葛藤が解消されない中で，重要文化的景観を引き受けるとなれば，見学者が増加することが予想され，そのことが集落の観光地を推し進め，地域にさらなる亀裂が入ることが危惧された。つまり，針江集落における重要文化的景観の受け入れの課題とは，制度の選定によってもたらされる生活の不自由さの問題というよりも，集落内部の葛藤にともなった観光地化への懸念が高まっていたのである。

　それでは，観光地化への懸念とは，具体的にはどのようなものであったのだろうか。ちょうど重要文化的景観の打診のあった頃，集落内の複数のカバタの水が枯れるという事件が起こっていた。集落の東側を通過する国道161号に地下水を使った融雪装置を設置する計画が，国土交通省によって進められていた。カバタの水が枯れたのは，この計画のもとで掘削された深さ60メートルの試験井戸の影響ではないかと疑われたのである。同時にこの時期には，NPOの事務所には「湧き水を販売するビジネスをしないか」，「土地を売ってくれ」といった電話が頻繁に掛かるようになっていた。つまり，NPOは，地下水の利用を目的として部外者が集落内の土地を買い漁るのではないかと危機感を募らせていたのである。集落内の土地から私的所有権を盾にして大量に水を汲み上げられては集落として死活問題となる。重要文化的景観を受け入れれば，さらに集落が有名になる。だが，そのことによって，土地を買おうとする

120

人が増えるのではないかと心配されることになっていた。このような経緯から集落では，集落内の土地をどのように保全するのかということが課題となっていたのである。

6 重要文化的景観選定の受け入れの論理

　NPO は，2008（平成20）年から行政による重要文化的景観の検討委員会（「高島市新旭地域のヨシ群落および針江大川流域の文化的景観の保存活用委員会」）に参加する中で，妙案を思いついていく。会の委員には，集落を代表して自治会役員が2名，NPO からも2名が任命された。自治会役員は1年で人が入れ替わるため，実質的には NPO の2名が集落側の担当者として役割を果たした。NPO は会合に参加する中で，次第に重要文化的景観は集落の土地保全に役立てることができるのではないかと考えていくようになった。NPO メンバーの語りをみてみよう[5]。

　　最初は生水（NPO）としても反対やった。しかし，委員会に参加するうちに，せっかくこういう取り組みをしようというのであれば，これは使ってやったほうがいいんとちゃうんかということになっていった。ちょうどそのころ中国の企業が山を買ったりということが新聞でもでとった時期やった。針江もおんなじで，土地を売らんかという問い合わせがようさんきよったんや。ほんで，こりゃなんとかせないかんと考えとるところやった。最初は重要文化的景観の網は農地，水路，農道にはかかっていなかったけど，これはなんとしてもかけないかんということになった。

　ここで注目しておきたいことは次の2点である。ひとつは，重要文化的景観制度を本来の目的とは異なる目的に位置づけようとしていたことである。すなわち，土地を外部の開発業者から守ることを目的として選定制度を活用しようとしたのである。しかし，だからといって住民に対しても外部に土地を売るこ

とを規制しているわけではなかった。NPOは集落住民がなんらかの事情があって土地を売らざるを得ない場合にはそれはやむを得ないと考えている。ただし，その上で「万全を期したい」として，外部への**対抗論理**として制度を活用したのである。

　もうひとつは，重要文化的景観の選定範囲を拡大しようと要望を出したことである。集落の課題は，土地の保全であったので，個別のカバタや家屋だけでなく集落の土地全体に網をかけようとしたのである。それは一重の網ではない。NPOによれば，集落の広がりに3重の網掛けをしたというのである。[6]どういうことだろうか。

　NPOの考えはこうである。まず1重の網は，農地法によるものであるという。農地の権利移転には一定の手続きを要するため，簡単に権利を移転できるものではない。農地にはあらかじめ農地法の網がかけられているのだという。そこに2つ目の網として，重要文化的景観を位置づけた。さらに，3つ目の網は，「針江里山水博物館」構想であるのだという。この構想は，針江集落を丸ごと博物館と見立てるというものである。博物館といってもハコモノづくりではなく，いまある生活空間を水辺のある里山として，環境保全活動や生活保全活動を行っていくものであるという。実際にNPOでは，集落内の竹やぶ，内湖の保全活動を率先して行っている。それだけでなく，集落の水路にコイを放流したり，集落のあちこちに鮮やかな花が植えられたプランターを設置していく活動も担っている。

　NPOによれば，重要文化的景観をこの3重の網掛けのひとつとして位置づけることによって，集落住民の理解を得られ，集落として受け入れる際の決め手となったと理解している。とはいえ，すべての住民がこれに賛同しているわけではない。先に述べたように，NPOの活動をめぐって集落内で葛藤を抱えた経緯があるためである。それでも，2012年末のNPOの会員数はおよそ80名で，集落住民の半数から協力が得られるようになっている。重要文化的景観の選定をめぐって，このNPOが集落側の窓口として対応できたのも，住民から一定の信頼を得ているからでもある。ともあれ，このようにNPOが主導的

な役割を果たして，集落は重要文化的景観選定の受け入れを決めたのである。

　ここまで当初は受け入れに積極的ではなかった集落が重要文化的景観選定を受け入れた論理をみてきた。集落における当初の懸念は集落内部の葛藤にともなった観光地化への懸念が高まり，集落内の土地をどのように保全するのかが課題となっていた。これに対して，NPO は重要文化的景観を土地の保全に活用しようと本来の目的をずらし，集落内の課題の解消へと擦り寄せつつ，意味づけを行っていった。そこでは，外部の開発業者に土地を買収されないように，3重の網掛けを構想し，そのひとつに重要文化的景観制度を位置づけた。外部への対抗論理として制度を活用したのである。

　すなわち，針江集落における重要文化的景観は，本来の目的である単なる「景観保存」ではなく，生活上の課題を解消するための「**生活保全**」を目的として位置づけられたからこそ，人びとは受け入れることができたのであろう。

７ 伊根浦と針江集落のアクアツーリズムからみえてくるもの

　本章では，大衆的な観光地化を目指さず，地元住民の暮らしを守る手段としてアクアツーリズムに取り組んできた2つの事例をとりあげてきた。

　これらの地域では，地元の人びとの生活を保全するために**内発的な観光**を志向していることがみえてきた。

　2つの地域に共通している点は，住民の行動レベルでいうと，それぞれの地域はどうありたいのか，地元住民の価値観や地域社会の論理をしっかりと組み込みながらアクアツーリズムに取り組んでいることである。このことが欠かせないのは，人びとの生活空間で展開される観光の現場では，当該の観光実践が**地域社会の豊かさ形成にどのように資することができる**のかが問われることになるからである。

　このことがどのような意義をもっているのかを最後に指摘しておきたい。これは鶴見和子のいう内発的発展論の指摘と一致する。鶴見はいう。「内発的発展の担い手は，その目指す価値および規範を明確に指示する。近代化論が『価

値中立性』を標榜するのに対して，**内発的発展論は，価値明示的である**」（鶴見1989：43）と。

　内発的発展論は，近代化論のひとつであるマスツーリズムに対置する考え方として観光まちづくり論など幅広くオルタナティブな観光論の理論的骨格となっている。しかし，その多くは，地域住民の主体性を鼓舞するあまり，このオルタナティブな価値観というソフトの存在を見落としているように思われる。ここでみてきた2地域の実践にはもちろん住民の主体性が発揮されているのだが，その水準で切り取っては本質を見誤ってしまう恐れがある。鶴見は，大衆に迎合するような中立的価値ではなく，当該地域の人びとの価値観や地域社会の志向性を示しながら地域の発展のあり方を模索することの重要性を説いていたはずだからである。

　このように伊根浦と針江集落の大衆的な観光地化を目指さない価値明示型の観光実践には，アフターコロナ時代の観光のあり方のヒントが隠されているのではないだろうか。

Practice Problems　練習問題▶2

　事例で取り上げた内発的な観光とマスツーリズムとの違いはどこにあるのだろうか。アクアツーリズムをもとに考えてみよう。

Practice Problems　練習問題▶3

　持続可能な観光の条件とはどのようなものだろうか。住民の暮らしから考えてみよう。

注

1）オーバーツーリズムとは，特定の地域に観光客が集中することによって引き起こされるさまざまな社会的問題のことを指す。本章で示すように地元住民の暮らしや自然環境，景観などに負の影響をもたらすだけでなく，結果として観光客の満足度も低下させる現象であることに注意を払っておきたい。
2）本章は野田（2021）の一部および野田（2013a）をもとに再構成したものである。

3) 伊根浦舟屋群等保存会による伊根町長宛の意見書（2018（平成30）年7月4日付）に基づく。

4) 地元では，「伊根の舟屋は観光地ではありません」と，伊根浦は人びとの生活の場であり，観光地ではない伊根の生活感を味わってもらうことを呼びかけるパンフレットが新たにつくられている。興味深いことに，2つ目の事例である滋賀県針江集落の人びとも集落は観光地ではないと主張し，集落内にそのように主張する掲示がある。伊根浦の人びとは針江集落を視察し，その取り組みを参考にしている。また，伊根浦舟屋群保存会では，『子どもたちにおくる　伊根浦ものがたり』と題した絵本をつくり，子どもたちに伊根浦の漁業と暮らしの歴史と先人の思いを伝える活動に取り組み始めている。漁業のまちである伊根浦の生活を守っていこうとする考えが貫かれているからである。

5) 2012年3月25日〜28日，A氏への聞きとりから。

6) 地域社会における地下水は，「土地の所有権は，法令の制限内において，その土地の上下に及ぶ」と定める民法207条を適用して，土地所有権の効力が及ぶ水と理解されている。したがって，外部に土地所有権を取得されると，所有者によって自由に水を汲み上げられる恐れがある。針江集落における3重の網掛けによる領土保全の仕掛けは，地方自治体による地下水保全条例などの法的規制とは異なり，いわゆる共同体規制による地下水保全の試みとして注目されるものである。実際に外部に売りに出されることを未然に防いだり，売りに出された土地を集落住民が買い戻すなど効果がみられる。

📖 **参考文献** ┈┈┈┈┈┈┈┈┈┈┈┈┈┈┈┈┈┈┈┈┈┈┈┈┈┈┈┈┈┈┈┈┈┈┈┈

足立重和，2010，『郡上八幡　伝統を生きる―地域社会の語りとリアリティ―』新曜社

荻野昌弘編，2002，『文化遺産の社会学―ルーヴル美術館から原爆ドームまで―』新曜社

金田章裕，2012，『文化的景観―生活となりわいの物語―』日本経済新聞出版社

木原啓吉，1982，『歴史的環境―保存と再生―』岩波新書

牧野厚史，1999，「歴史的環境保全における『歴史』の位置づけ―町並み保全を中心として―」『環境社会学研究』5：232-239

野田岳仁，2013a，「重要文化的景観を受け入れた地域社会の論理―滋賀県高島市針江集落を事例として―」『利根川文化研究』37：57-61

――，2013b，「観光まちづくりのもたらす地域葛藤―『観光地ではない』と主張する滋賀県高島市針江集落の実践から―」『村落社会研究ジャーナル』20(1)：11-22

――，2014，「コミュニティビジネスにおける非経済的活動の意味―滋賀県高島市針江集落における水資源を利用した観光実践から―」『環境社会学研究』20：117-132

――，2019，「環境と観光はどのように両立されるのか？」足立重和・金菱清編

『環境社会学の考え方―暮らしを見つめる 12 の視点―』ミネルヴァ書房：159-176

――，2021，「アフターコロナ時代の内発的な観光の構想―コロナ禍をめぐる福島県檜枝岐村・京都府伊根町の価値明示型の観光実践から―」『JCA REPORT』23：1-13

鳥越皓之，1997，『環境社会学の理論と実践―生活環境主義の立場から』有斐閣

――，2004，『環境社会学―生活者の立場から考える』東京大学出版会

鶴見和子，1989，「内発的発展論の系譜」鶴見和子・川田侃編『内発的発展論』東京大学出版会：43-64

自習のための文献案内

① 古川彰・松田素二編，2003，『環境と観光の社会学』新曜社
② 片桐新自編，2000，『歴史的環境の社会学』新曜社
③ Urry, John., 1990, *The Tourist Gaze: Leisure and Travel in Contemporary societies*, SAGE Publications.（＝1995，加太宏邦訳『観光のまなざし―現代社会におけるレジャーと旅行―』法政大学出版局）
④ Valene L, Smith Ed., 1989, *Hosts and Guests: The Anthropology of tourism*, 2nd Ed., University of Pennsylvania Press.（＝2018，市野澤潤平・東賢太朗・橋本和也監訳『ホスト・アンド・ゲスト―観光人類学とはなにか―』ミネルヴァ書房）
⑤ 宮本常一著，田村善次郎編，2014，『旅と観光―移動する民衆―（宮本常一講演集 5）』農山漁村文化協会
⑥ 鳥越皓之・藤村美穂・家中茂，2009，『景観形成と地域コミュニティ―地域資本を増やす景観政策―』農山漁村文化協会
⑦ 野田岳仁著，小田切徳美監修，2023，『井戸端からはじまる地域再生―暮らしから考える防災と観光―』筑波書房

　①は環境社会学の立場から観光を論じた必読書。②は歴史的環境保全の入門書。環境社会学における観光研究として読み解くこともできる。③は「観光のまなざし」論で知られる観光社会学の古典。④は「ホストとゲスト」という枠組みを提示した観光人類学の古典。⑤は民俗学者である宮本常一による内発的な観光論。各地の現場を訪れ，地域づくりとしての観光実践を人びとに指南し続けた。⑥は生活環境主義の立場から景観政策や観光政策を論じた 1 冊。⑦は人びとの社交場であった「井戸端」を切り口に防災や観光による地域再生の方法を論じた入門書。アクアツーリズムにも詳しい。

帯谷　博明

第7章

水環境ガバナンス
──市民参加の制度化とその限界

1 水環境をめぐる社会課題

　21世紀はしばしば「水の世紀」ともいわれる。この言葉は世界各地において水の不足や汚染に起因した社会紛争が多発することを予言したものであるが，豪雨や河川の氾濫などさまざまな水災害に苛まれている近年の日本社会では，新たな意味でリアリティを有する言葉になっている。図7-1は内閣府が実施した世論調査の結果をもとに，どのような水とのかかわりが人びとに「豊か

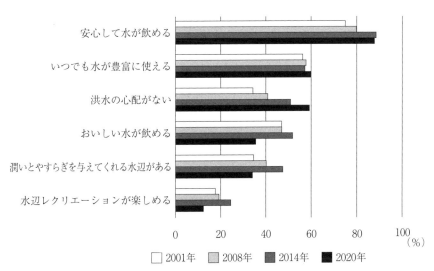

図7-1　水と関わりのある豊かな暮らしとは？（複数回答）

出典）内閣府「水に関する世論調査」（2001年，2008年）および「水循環に関する世論調査」（2014年，2020年）をもとに作成

な暮らし」と認識されているかを示したものである。

　2020年はいわゆる「コロナ禍」での調査であったことに留意が必要であるが、おおむねどの年においても日常生活の中で安心して水や水辺が利用できることに多くの人びとの関心があることがわかる。一方で「洪水」に対する懸念が次第に高まってきていることも読み取れる。2008年と2020年の同調査には、「気候変動に伴って心配される水問題」に関する質問（複数回答）が含まれており、もっとも回答が多かったのが「洪水や土砂災害の頻発」であった。その回答割合が、68.2％から85.6％へと急増していることも特徴的である。

　水は過少であっても過剰であっても、私たちの生活や地域社会に大きな影響を与える。そのため、いかなる社会的・地理的な範囲と時間軸の中で、水環境の利用や保全、管理について社会的に合意し対応していくかという悩ましい課題がある。

　水環境には、河川や湖沼、海洋・海岸、地下水、生活排水や上水道など、多岐にわたる形態が含まれ、各々に固有の論点や課題が存在する（日本水環境学会　2009）。また、水はSDGsをはじめグローバルなレベルで注目されている一方、日本国内でも「水循環基本法」や「流域治水関連法」など、フローとしての水の性質を重視した政策や制度が採り入れられつつある。いずれにおいても多様な主体の参加や連携が重視されている。そのキーワードがガバナンス（governance）である。後述するように、多様な主体の参加とプロセスを重視する「ガバナンス」は、1980年代以降、環境に限らず社会のさまざまな場面において多用されるようになってきている。

　さまざまな形態をもつ水環境の中で、本章はとくに河川のガバナンスに注目する。河川は「資源」（利水）や「災害源」（治水）、「汚染源」（公害）という多面的な性格を有する重要な客体として、近代以降、国家（政府セクター）による制御の対象になってきた。一方で、自然再生や景観まちづくりに代表されるように、市民団体や住民グループなどの多様な主体が利用・参加する舞台にもなり、川にはさまざまな意味づけと社会関係が生まれている。以下では、水がグローバルなレベルでどのように注目されているのかを確認し、ガバナンス概

念の特徴，水環境とガバナンスの関係を整理する。その上で，大分県大野川の河川管理と市民参加の事例をもとに，水環境ガバナンスがもつ可能性と課題を検討する。

2 水への注目と SDGs

2015 年 9 月に開催された国連サミットでは，「持続可能な開発のための 2030 アジェンダ」とともに，17 の主要目標で構成される「**持続可能な開発目標 (SDGs)**」が採択された。2030 年を達成年とする主要目標のひとつとして掲げられたのが「水の利用と持続可能な管理」（目標 6）であり，気候変動対策（同 13）や持続可能な都市（同 11）など，他の主要目標とも密接にかかわっている。SDGs の採択に先立つ 2014 年に，国連・水関連機関調整委員会（UN-Water）が作成・公表した提言書がある。提言書は現代における水とその管理の重要性について，次のように説明している（強調点は筆者による）。

　　水は持続可能な開発の中心であり，社会経済開発や健全な生態系，人間の生存そのものにとって重要である。グローバルな疾病負荷を軽減し，人びとの健康と福祉，生産性を向上させるために水は不可欠である。……水は気候変動への適応の要でもあり，気候システム，人間社会，環境の間の重要なリンクとして機能する。適切な水のガバナンスがなければ，セクター間の水の競争と多様な水の危機が激化し，水に依存するさまざまなセクターにおいて緊急事態が発生する可能性がある。（UN-Water　2014：7）

「すべての人びとに持続可能な水を確保する」ことを目標に掲げたこの提言書は，いわゆる「ミレニアム開発目標（MDGs）」の達成期間の終了（2015 年）を目前に控え，持続可能な開発に向けた次の目標（SDGs）への移行期に公表された。「すべての国に関係する」と強調されたこの提言書では 5 つのターゲット（個別課題）として，「飲料水と衛生」，「水資源」，「水のガバナンス」，「水

に関連した災害」,「排水汚染と水質」が設定された。相互に関連性をもつ各ター
ゲットの中で,「水のガバナンス」は「他の4つのターゲットが成功するた
めの前提条件」(UN-Water 2014：26) として位置づけられている。[1]

❸ ガバナンス概念の登場と展開
：統治の場の「広がり」と「プロセス」の重視

ガバナンスという用語が広く使われるようになったのは1980年代以降であ
る（Bevir 2012＝2013）。この時期，深刻な財政危機（福祉国家の危機）に直面
した日本を含む先進諸国は，政府部門のスリム化をめざす公共セクターの改革
を進めた（金川編 2018）。具体的には，政府が多種多様な公共サービスを管
理・提供する上で，民間セクターや非営利セクターのさまざまな主体に依存す
る度合いを高めていった（例：日本での「国鉄」の民営化など）。それ以降，ガ
バナンスはさまざまな場面に登場するようになる。[2]

たとえば，アメリカの政治学者M. ベビアが「『ガバナンス』という言葉は
どこにでもある。世界銀行と国際通貨基金は『グッドガバナンス』を融資の条
件としている。気候変動や鳥インフルエンザは『グローバルガバナンス』の問
題として現れる。……アメリカの森林局は『協働ガバナンス』を求めている」
(Bevir 2011：1) と指摘するほどである。現実世界に現れる数多くの課題に対
応する形で,「ガバナンス」は,政治学や行政学,国際関係論,経営学など社
会科学においても頻繁に使用されている[3](Torfing et al. 2012)。

その背景には,「国家／政府の役割の変容」と「持続可能性（サステナビリテ
ィ）の主題化」という現代的課題が露わになってきたことが指摘できる。社会
学者正村俊之は，現代社会を把握するキー概念として「ガバナンス」と「リス
ク」を挙げる（正村編 2017）。正村によれば，20世紀後半に顕在化した福祉
国家の行き詰まりと新自由主義的な改革は，現代社会における統治構造の変容
を示している。その象徴的な表現が「ガバメントからガバナンスへ」の移行で
ある。[4]「ガバメント」が政府による統治を指すのに対して,「ガバナンス」は複

数の主体（政府，企業，NPO など）の連携に基づく統治を表す。主として 1980
年代以降，「政府の失敗」とその改革が叫ばれるようになり，それまで公共的
機能の遂行を政府機関に集中させてきた流れが反転し始め，さまざまな民間主
体に委ねられるようになった。

　さらに，持続可能性への関心と懸念の高まりも，新しいガバナンスの理論を
刺激している（Bevir　2011）。今日，「持続可能な開発（発展）」は政府部門の
機能不全を深刻な形で引き起こしている一方で，持続可能な開発（発展）のた
めには，経済セクターをはじめ，長期的な社会経済的変化の管理が求められて
いる。改革には，企業，市民社会組織（市民セクター），一般市民を含むあらゆ
る種類の主体間の協力や協働が必要とされる（Meadowcroft　2011）。

　「ガバナンス」にはさまざまな主体によって多様な定義が与えられているが，
本章ではベビアと正村による簡潔な定義を参考にしたい。すなわち，「ガバメ
ントが政治制度に関わっているのに対し，ガバナンスは統治のプロセスを指
す」（Bevir　2012＝2013：5）。また，「（ガバナンスは）複数の主体の連携に基づ
く統治」（正村編　2017：3）でもある。これらをふまえて，本章では「**水環境ガ
バナンス**」を「水環境に関する，複数の主体（アクター）の相互作用に基づく
統治とそのプロセス」ととらえる。ガバナンスには「統治の場の『広がり』と
『プロセス』」に注目するという概念的な特徴があることを押さえておきたい。

　重要なことは，公共的な課題に対する政府や行政以外の多様なアクターの関
与とその相互作用が鍵になっているという点である。ここでいう「相互作用」
には「ガバナンス」の代名詞でもある連携や協働が含まれるが，協調的な関係
だけに限定されるわけではなく，対立や葛藤も含めて考える必要がある。また
アクターに関しては，**市民（非営利）セクター**の台頭を背景に，多様な非営
利・非政府組織（NPO/NGO など）が公共的な課題に関与・参加するようになっ
てきていることにも留意したい。[5]

4 水とガバナンス：多様なセクター／アクターの相互作用

　では，水に関してガバナンスが注目されるようになった背景にはどのような経緯があるのだろうか。主要課題として「ガバナンス」を扱った最初の国際的な水会議は，2000年の第2回世界水フォーラムであった。さらに，2001年の淡水に関するボン国際会議，2002年の持続可能な開発に関する世界首脳会議（WSSD），2005年の持続可能な開発委員会の第13回会議（CSD）など，その後の国際会議はすべて，ミレニアム開発目標（MDGs）の達成のために水セクターのガバナンスの改善が重要事項であると考えてきた（Tropp 2007）。SGDsに関する会議に関しても同様である。

　国連，OECD，世界銀行など多くの国際機関によって強調されるようになった「水のガバナンス」であるが，多用される用語とその定義に対しては，「ガバナンス」全般に関するものと同じように懸念や批判もある。代表的なものが概念を明確にするための努力をほとんどせずに，とくに国際会議ではキャッチフレーズ的に多用されていることや，「管理」の言い換えとして使われる傾向にあることなどである（Tropp 2007；大塚 2019）。

　図7-2はオランダに本拠がある「水ガバナンスセンター（Water Governance

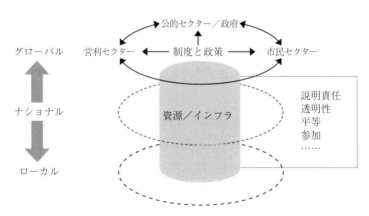

図7-2　想定される水ガバナンスのスケールとセクターの関係

出典）Havekes et al.（2016：14）の図をもとに筆者作成

Center)」が作成した水ガバナンスの関係図であり，上記の批判をふまえて本章の議論を進める上で有用である。「説明責任」「透明性」「平等」「参加」といったガバナンス概念に広く共通する基本的な考え方（規範）と，公的（政府）セクターのみならず，営利セクター，市民セクターが，グローバルからローカルまでさまざまなレベルで相互に関わる様子が示されている。前述の水環境ガバナンスの定義とこの図を念頭において，日本の事例を検討しよう。

5 日本の河川管理の特徴と変化

　戦後の日本社会において，河川を管理する政策の中心課題となったのが洪水対策と水資源の開発，つまり治水と利水であった。具体的には，河川工学と近代土木技術を駆使し，建設省（現在の国土交通省）を「河川管理者」とする中央集権的な手法によって大型ダムや堤防などの建設・整備を進め，河川を工学的にコントロールしようとするものである。1896 年に河川管理に関する法律が制定されて以降，日本の河川政策に共通する特徴のひとつは「計画決定過程の閉鎖性」であった。すなわち，河川工学の専門家および行政官僚が計画を立てて実行する形が一般的であり，流域に住む人びとの考えや意思を計画や河川管理に反映させる制度は長らく存在しなかった。

　一方，高度経済成長期を過ぎて，疎遠になった人びとと川との距離を再び近づけるために，提唱され政策化されたのが 1970 年代半ばの「親水」概念であり，河川公園や親水公園などの整備へとつながっていく。河川政策はさらに，① 1990 年代初めに導入された，オランダの近自然工法に倣った「多自然（型）川づくり」などの河川環境の整備事業と，② 大型公共事業に対する社会的批判を受ける形で，治水・利水に加えて「河川環境の整備・保全」を目的化した 1997 年の河川法改正，③「市民参加型の川づくり」へと展開した。③ は鶴見川や多摩川など，都市部の河川において先駆的に実施・展開されていた流域の住民や市民団体との連携・協働型の施策を，広く全国に展開しようとしたものであった。

134

　河川法改正の主なポイントは，上記に加えて，流域ごとに河川整備計画を策定することと，その決定過程に基礎自治体および住民の意見を反映させる手続きが明文化されたことである。1996年6月に出された河川審議会の答申「21世紀の新しい社会を展望した今後の河川整備の基本的方向性について」では，今後の河川政策の基本方針として，① 流域の視点，② 市民団体や自治体との連携，③ 非常時だけでなく平時の河川の状態を含めた河川の多様性（川の365日），④ 情報の役割，という4つの重視すべき柱が示されている。河川法の改正以後，国土交通省の一部の出先機関には「地域連携課」が設置され，環境ボランティアなど川に関わる市民団体との連携やパートナーシップの構築を試みる動きがみられるようになった。このような社会的背景のもとで誕生し発展した市民活動のひとつが，大分県を中心に流れる大野川流域を舞台にした「大野川流域ネットワーキング」であった。

6 ガバナンスの変化 ① ：住民活動の登場

　大野川は大分県を中心に，宮崎県，熊本県の一部に流域がまたがる一級河川である。10の主要な支流が合流し，大分市鶴崎地区で別府湾に流れ込んでいる。流域人口は約20万人である。上流地域の降水量が多いため，下流部の大分平野はたびたび洪水に見舞われてきたが，平時は水量に恵まれていることから，舟運や農業水利，アユ漁などの漁業，水力発電など，古くから川の多面的な利用が進んでいた。また，コミュニティのレベルでは，住民主体の川の浄化活動や保護活動が流域各地で活発に展開されてきた。ここではその代表例として「白山川を守る会」（以下，守る会）を取り上げよう。

　守る会は「昭和の大合併」の際に清滝村と三重町（いずれも現在の豊後大野市）に分断された旧白山村13集落の全世帯によって構成される住民団体である。環境省の「全国名水百選」に選定されるなど，県内では先駆的に住民主体の環境保護活動を展開してきた。活動のきっかけは1970年代初頭に遡る。生活排水の汚染とその流入，ゴミの不法投棄，農薬使用などによって全国的に川

の汚染・汚濁が進行していた当時，旧白山村地域でも川の汚染が進みホタルが
ほとんど姿を消したという。危機感をもった住民たちが河川の浄化活動を開始
するとともに，出稼ぎ住民の増加で地域社会の連帯感が薄れているという問題
意識から，「温もりのある白山を取り戻そう」と呼びかけて守る会が結成され
た。

　初期の活動は，3つの原則（① 単独浄化槽の設置禁止，② 有機リン合成洗剤の
使用禁止，③ 農薬使用の軽減）の実施を住民に求めるとともに，定期的な河川
清掃，看板の設置やチラシの配布，座談会の開催といった広報・啓蒙活動が中
心であった。活動を開始して数年が経つと再びホタルの姿がみられるようにな
り，口コミで同地がホタルの名所として知られるようになる。過疎・高齢化が
進行する状況の中で守る会は活動の幅を広げ，水質の定点観測，生き物調査，
川の巡視と来訪者に対する指導，会報の発行などの定例活動とともに，「ホタ
ル祭り」や「名水しぶきあげ大会」を開催するなど，川を軸とした地域づくり
活動へと発展した。同会が毎年開催する「ホタル祭り」には5,000人前後の来
訪者がある。

　この守る会をはじめとして，大野川の流域にはコミュニティを流れる川に関
わるさまざまな活動や住民団体が存在した。それぞれの地域でローカルな活動
を展開してきたグループ・団体やキーパーソンを「発見」し，「ネットワーキン
グ」という概念の下に，相互にゆるやかにつなごうとする動きが生まれたのが
1990年代後半である。ここに至って大野川流域の市民セクターは新たな段階
を迎えることになる。

7　ガバナンスの変化 ②：ネットワーキングの形成とNPO

　前述の「守る会」をはじめとして，大野川に関わる住民団体・グループなど
多様なアクターによって1998年に結成されたのが，大野川流域ネットワーキ
ング（以下，大野川ネット）である。大野川ネットは2002年に事務局をNPO
法人化し，行政や地元の大学などさまざまなアクターと協働しながら，大野川

に関わる政策や計画の策定・実施にも深く関わった。その結成・運営やNPO法人化の中心になったのがA氏（当時50代）である。[7]

　自然環境や景観，歴史など，大野川の多様な魅力に取りつかれたA氏は，時間をみつけては源流部から河口部まで，流域の隅々を訪ね歩いていた。その過程で川に関わるボランティアや地域づくりの住民グループを発見し，そのリーダーたちとの関係を構築していった。「川のことを知りたくて市町村の窓口にいっても，行政の管轄区域を外れると情報がない」ことに問題意識を覚えたA氏は「上流・中流・下流の人と一緒になって大野川のことを考えられないか」と呼びかけて，「共生・コミュニケーション・連携」をテーマにした「大野川河川シンポジウム」を開催する。インターネットが普及途上にあった当時，通信機器やパソコンの知識を有していたA氏はパソコン通信を使って「川のフォーラム」を開設し，全国各地の川に関する市民活動の情報交換を行うなど，コミュニケーションのツールづくりにも関わった。

　いくつかの段階を経た後，1998年に開催した第2回の河川シンポジウムを契機として，住民グループや商工会など大野川流域のさまざまなアクターの連携をめざす大野川ネットが結成された。大野川ネットに参加した約40団体は，流域の2市9町2村（当時）におよび，各団体の代表が大野川ネットの世話人として関わることになった。「大野川に感謝」と「ゆるやかな連携」を理念に掲げて参加の間口を広げ，川に関わる多様なアクター間のコミュニケーションを促進していくことが活動の目的であった。

　大野川ネットは「河川シンポジウム」を定期的に開く一方で，各団体が「源流の碑」を大野川の各源流までリレー方式で運ぶイベントや，河川一斉清掃，後述する「大野川流域懇談会」の立ち上げなど，行政と連携しながら精力的に活動を展開していく。河川行政の広報誌的な役割を担っている月刊雑誌『河川』（629号，1998年）には，大野川ネットの活動および行政と市民団体との関係について，A氏と建設省（当時）の担当官僚（工事事務所の河川担当係長）X氏との対談記事がある。ここには，当時の大野川における河川官僚の「まなざし」と市民団体の参加の重視，「流域」や「ネットワーキング」に関するA氏

の理念がよく現れている。以下はその一部である。

X氏：なんだか，聞けば聞くほど［活動の］中身が充実していて，ついてい
　　　けません（笑）。わたしも大野川クリーンアップキャンペーンに参加
　　　させていただきましたが，ゴミ拾いの後の「だんご汁」なんか，活動
　　　自体に楽しさを持っているところがいいですね。ところで，急に堅い
　　　話になりますが，昨年河川法が改正されまして，住民の意見を反映さ
　　　せた川づくりの計画「河川整備計画」をつくることになりました。現
　　　在地域の "意向の反映の仕組みづくり" が課題ですが，大野川流域ネ
　　　ットワーキングのような "心から川が好き，地域が好き" な方々の集
　　　まりがあることは本当に喜ばしい限りです。河川法改正で「住民の意
　　　見の反映」が法制化されたことについて，また，河川整備計画をつく
　　　るにあたって， "流域ネットワーク" の役割などお考えがあれば教え
　　　てください。

A氏：人々は自分の住んでいるまちで， "安全で，豊かで，誇りを持って，
　　　活き活きと暮らしたい" と誰もが思っていると思うのですね。その夢
　　　を実現するには，流域を視野に入れて各地で活動していくことが不可
　　　欠ではないでしょうか。……少なくとも意見をだすときに，流域を考
　　　慮した考えがでなくてはと思います。ネットワークにした大切な意義
　　　がそこにありますね。もう一つは行政とのパートナーシップが形成さ
　　　れることでしょう。そうなると住民ももっと勉強し，レベルを向上し
　　　ていかなくてはなりません。自分たちの川は，まちは，自分たちでつ
　　　くるんだという意気込みと責任をもつようにならないと，単なる無責
　　　任な意見になってしまいます。もちろん，活動は楽しくないと息切れ
　　　してしまいます。楽しさの中で，少しずつレベルアップしていけたら
　　　と思います。

X氏：これから，ご指導よろしくお願いします。（『河川』629：80［　］内は
　　　引用者）

　事務局を担う「河童倶楽部」のNPO法人化と前後して，2000年には大野川ネットの活動・交流の拠点となる「河童小屋」が大野川中流部の河畔，大分県が設置した河川公園内に開設された。このような流域を対象にした市民セクター自前の交流拠点は当時，全国的にほとんど例がなく，他地域からの視察も相次いだ。「河童小屋」は，①NPOの事務所としてはもとより，②大野川流域の自然・歴史・文化・住民活動の情報収集と発信，③地域の小学生を対象とした川での環境教育，④行政担当者やさまざまな市民グループ，大学の研究者および学生の会合や懇親行事を開催する対面的なコミュニケーションの場として，文字通り「ネットワーキング」の機能を果たしていくことになる。

⑧ ガバナンスの変化③
：計画決定過程の開放と参加の制度化

　1997年の河川法改正によって導入されたのが，「河川整備計画」の策定と市民参加である。「河川整備計画」とは向こう30年間の河川の整備や管理に関する長期計画であり，流域各部の個別的な工事や整備はこの計画に沿って実施されることになる。計画の策定にあたっては，専門家による委員会を立ち上げて原案を検討し，その過程で住民を対象にした説明会や公聴会を開催するという形式的な参加手法を用いるのが一般的であった。

　大野川の場合，2001年から2002年にかけて，国交省の直轄区間（下流部）と大分県の管理区間（上中流部）の計画が確定した。全国の一級河川109水系の中で，最初に河川整備計画が策定されたのが，大野川と首都圏の多摩川であった。その策定の母体となったのが大野川流域委員会（以下，流域委員会）である。この委員会は「学識経験者」だけでなく，県商工会議所や地元新聞社など民間団体の関係者など，多様な分野の委員によって構成されたのが特徴である。その中で「NPO関係者」として委員に加わったのが，大野川ネット事務局長A氏であった。委員会はすべて公開で行われ，審議は行政が作成した計

画案を叩き台にしながら，流域の住民を対象にした意見交換会（26 回）も組み込む形で進められた。

　行政が作成した当初の計画案は，流域委員会の審議過程において大きく変化することになった。変化の主なポイントは次の 4 点である。① 他の河川では共通の「雛形」をもとにした整備計画が多い中で，計画の中に大野川独自の「基本理念」と「基本方針」を組み込んだこと，② さまざまな形で住民が河川管理に参加するための制度として「大野川流域懇談会」を設けるとともに，計画を変更する手続きの過程にも懇談会を組み入れたこと，③ 有志の住民がプロジェクト方式で河川管理に関わる「社会実験」の実施を謳っていること，さらに，④ これらの計画案の変更（修正）が委員として参画した大野川ネット（NPO）の提言を全面的に採用する形でなされたことである。

　ユニークなのは ② の流域懇談会（図 7-3）である。流域懇談会は「流域住民（団体），学識経験者，企業，関係自治体，河川管理者などが，大野川の川づくりや流域環境について，継続的に情報や意見の交換を行い，お互いの協力関係を築き信頼関係を深めつつ，“いい川”や“いいまち”の実現に向けて，緩やかな合意形成を図る」ことを目的として掲げていた。まさに計画決定過程への市民参加を具体化したものであり，河川法改正の趣旨を体現するものでもあった。さらに，2001 年には全国で 2 か所目となる「地域連携課」が国交省の工事事務所内に新設されるなど，この時期，河川管理に関する政治的機会構造[8]はきわめて開放的な状態にあったと考えられる。

　流域懇談会の会長には長年「守る会」の代表を務めてきた B 氏が就任し，懇談会の運営には大野川ネットの事務局「河童倶楽部」（NPO）と行政が共同で携わることになった。その後，流域の三重川を舞台にした「里の川プロジェクト」をはじめとしていくつかのプロジェクトが展開され，行政（県）と大学，住民，NPO が連携した野鳥観察ポイントの整備や，廃材を利用したベンチの設置，水質調査などがワークショップ形式で進められた。

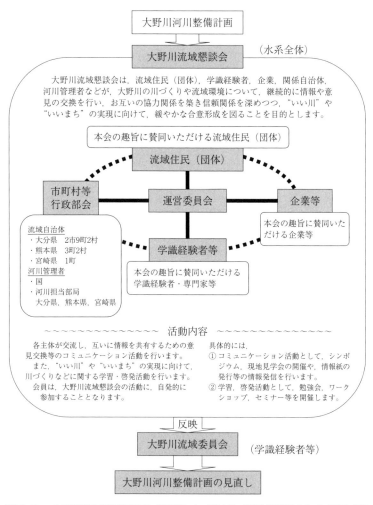

図7-3　大野川河川整備計画（当時）における「流域懇談会」の位置づけ

出典）帯谷（2021：65）

9 ガバナンスの変化 ④ ：市民活動の衰退と制度の形骸化・変更

ところが2000年代末から2010年代にかけて，大野川の河川ガバナンスを揺

るがすいくつかの事態が起きる。まず市民セクター側の変化として，A氏を
はじめ，大野川ネットを支えてきた複数のキーパーソンが，高齢化や病気等の
事情により活動の表舞台から退出し始めた。さらに活動衰退の大きな転機とな
ったのが，2013年に起きた活動拠点「河童小屋」の閉鎖である。建物の所有
者（相続者）の意向というやむを得ない事情とはいえ，10年以上にわたって日
常的な活動・交流の拠点であり，大野川ネットの象徴にもなっていた「場」が
消滅したことは，停滞気味だった活動の活力をさらに奪う出来事であった。毎
年開催されてきた河川シンポジウムもこの年を最後に休止状態となったほか，
流域においても高齢化や担い手不足で活動自体を休止する団体や，グループの
創設や運営を担ってきた中心層の世代交代を機に脱退する団体も相次ぐことに
なった。

　一方，行政セクターの動きはどうだったのであろうか。まず，先述した市民
参加や連携のための仕組みである「流域懇談会」が，2010年前後から国交省
の消極的姿勢によって開催できない状態に陥っていた。A氏によれば，流域
懇談会は，当初から国交省とNPOが共同で運営・開催する取り決めになって
おり，歴代の担当者とは信頼関係が構築され，円滑に運営されていた。ところ
が2000年代後半に入ると，国交省の担当課長の異動をきっかけに，流域懇談
会の開催を行政側に何度提案しても受け入れられず，市民団体との連携や協働
に対する行政側の関心が大きく低下していることが感じられたという。加え
て，国交省の工事事務所に設置された「地域連携課」も2014年に廃止・統合
された。

　このような状況の中で，2014年3月に国交省は正規の流域懇談会とは異な
る組織「大分川・大野川学識者懇談会」（強調点は筆者）を設立してメンバーを
限定した上で，「東日本大震災や九州北部豪雨など河川を取り巻く状況の変化」
などを理由に「大野川河川整備計画」の変更案の審議を依頼した。変更案で
は，河川整備計画の大きな特徴であった計画の手続き（見直し）のフローチャ
ート（図7-3）が丸ごと削除されるとともに，流域懇談会は手続きから切り離
され名称だけが残されるというものであった。そして，この案は複数回の審議

142

を経てほぼそのままの形で承認され，2014年12月に整備計画の変更が決まった。

　ガバナンスという視点から考えた時に，ここにはどのような問題が含まれているだろうか（図7-2も参照）。第一に，従来の河川整備計画に規定されていた，多様な主体が参加する組織（流域懇談会）とは異なる組織を用いて計画の変更手続きを進めたことである。第二に，計画の変更案を審議した「学識者懇談会」には名称の通り，市民団体の関係者は入っておらず，「学識経験者」というきわめて狭い範囲のメンバーだけに限定されていたことである。第三に，流域懇談会を整備計画の決定過程の枠外に追いやったことである。さらに第四として，市民セクター側がこのような事態に対して有効な手立てや対抗策を講じ得なかったことである。このように，多様なアクターとの連携・協働を通して利害調整と合意形成を図ろうとした大野川の協働的なガバナンスの仕組みは，市民セクターの活動量の低下と現場の行政セクターの姿勢の変化によって大きく変質し，相互作用の「場」をも失うこととなった。

🔟 市民参加の制度化の限界

　本章で紹介してきた20年弱におよぶ大野川の河川ガバナンスの動態は，個別のローカルな事例ではあるものの，社会学的により広い文脈でとらえることが重要である。ガバナンスが大きく変化した背景にはどのような要因があったのだろうか。また，ガバナンスを考える上でいかなる教訓や示唆があるだろうか。

　行政側の状況としては，1990年代後半から2000年代前半にみられた，「市民団体との連携」や「環境」に対する国交省内部の熱気や政策ブームが，時間を経る中で下火になったこと[9]，とくに2000年代後半からは，国の政策の優先課題が「防災」や「国土強靭化」へと大きくシフトしそれが河川行政にも強い影響をもたらしている（帯谷　2021）ことがあげられる。本章では河川行政の広報誌的な性格をもつ雑誌『河川』での対談を例に示したが，筆者自身が

2000年代前半に行ったインタビュー調査においても，国や県の担当職員は異口同音に「A氏の熱意に打たれた」と言って，新たな河川行政のテーマである市民団体との連携や協働への意気込みを語る人が多かった。実際，大野川ネットが内包するさまざまな情報やネットワークは，「市民団体とのパートナーシップ」という当時の政策課題を現場で進める上で，河川行政の担当者にとって「有用な政策資源」であったといえる。

　一方で，市民セクター側にはどのような事情があったのだろうか。ここで注目すべきは，日本の地方社会における市民セクターの脆弱な基盤，具体的には高齢化にともなう世代交代や後継者の不在という担い手に起因する市民活動の停滞という課題である。大野川流域は，とくに上中流域の自治体は大分県内で高齢化がもっとも進んだ地域であった。このことは住民団体や市民グループにも少なからぬ影響をもたらしており，活動を休止・解散する例も複数生まれていた。担い手の脆弱な基盤は大野川ネット（NPO）に関してもあてはまる[10]。結成当時のキーパーソンたちが活動から相次いで退出した上に，当初の理念を継承できる後継者が確保できなかったことによって，団体間および行政担当者をつなぐネットワークは衰退し，大野川ネットの活動も低迷した。その結果，大野川のガバナンスの仕組み（制度）を大きく変える河川整備計画を変更する動きに対して有効な手が打てなかった。

　「ガバナンスの失敗（governance failure）」を提唱したのはイギリスの政治学者B. ジェソップであった（Jessop　2000）。その議論を水環境ガバナンスに引きつけると，通常は関連するアクター間の合意形成に失敗するケースが想定される。たとえば，ダム建設を含めた治水のあり方をめぐって，委員と国交省，さらには委員間で深刻な対立が生じた淀川水系の流域委員会の事例（見上2009；山下　2010など）がそれにあたる。これを「対立型のガバナンスの失敗」とよぼう。

　これに対して本章の事例で見い出されたのは，先駆的な参加の制度が作られ，協働的な関係が構築されたとしても，時間的経過の中でそれを支える主要なアクターの行動が変化する（市民団体の活動の低下，政策当局が制度の理念を

尊重した行動をとらなくなる等）ことによって制度が形骸化し，ガバナンスの当事者が不在になるという事態であった。つまり「不在型のガバナンスの失敗」である。高齢化と人口減少が急速に進む日本の地方社会においてとくに留意すべき課題であるとともに，その時々の政策課題に応じて行政側が「お膳立て」をする形で設立された市民活動（団体）や「参加・連携」の施策においても生じやすい問題でもある。このように，水環境に限らずさまざまな地域の環境ガバナンスを考える際には，グローバル／ナショナルな文脈（政策の変化など）とともに，市民セクターがおかれているローカルな社会的条件とその変化を考慮に入れることが重要である。

Pract/ce Problems 練習問題 ▶ 1

　あなたが住んでいる地域の川には，どのようなグループや団体がかかわっているだろうか。自治体や NPO など各種団体のホームページ，SNS，新聞記事，関連図書などを検索して，活動の内容や歴史，さまざまな主体の関係性，現在の課題などを調べてみよう。

注 ··

1) 2020 年に策定された「SDG 6 グローバル・アクセラレーション・フレームワーク」の 5 原則のひとつも「ガバナンス」である。2023 年 3 月には水問題に特化した「国連水会議」（UN2023 Water Conference）が 46 年ぶりに開催され，SDGs の目標達成に向けた「水行動アジェンダ」の推進方策が確認された。

2) ガバナンス概念に対しては社会学者などから批判や懸念も提起されている。用語の乱用，マジックタームやトートロジー的な使われ方といった語法に関するものに加えて，この用語に内包されがちな「規範性」についてである（宇野 2016；正村編 2017；鳥越 2014）。具体的には，効率性や公平性，参加，連携，協働といった多くのガバナンス概念には，秩序化への志向性の強さや競争性，「参加することがよい」という価値規範が無前提に入り込んでいるという指摘である（佐藤 2009）。

3) 環境社会学の分野でも「順応的ガバナンス（adaptive governance）」や「協働ガバナンス（collaborative governance）」というキーワードを用いた研究が展開されている。代表的なものとして宮内編（2013）がある。自然科学に依拠した科学的管理の課題や弊害を乗り越えるために「順応的ガバナンス」を重視し，「環境保全や自然資源管理のための社会的しくみ，制度，価値を，その地域ごとに順

応的に変化させながら，試行錯誤していく協働のガバナンスのあり方」（宮内編 2013：15-16）と定義されている。「ガバナンス」自体の定義は明確ではないが，重要かつ具体的な方策として，① 試行錯誤とダイナミズムを保証すること，② 多元的な価値を大事にし，複数のゴールを考えること，③ 多様な市民による調査活動や学びを軸としつつ「大きな物語」を飼いならして，地域の中で再文脈化を図ることがあげられている。

4）イギリスの経済地理学者 D. ハーベイは「ガバメントからガバナンスへの重心移動は新自由主義の特色」（Harvey　2005 = 2007：109）であると指摘している。

5）日本では 1998 年に特定非営利活動促進法（NPO 法）が施行され，NPO 法人は約 5 万団体に達している。

6）日本の河川行政の変遷と特徴については嘉田編（2021）も参照されたい。また，日本の開発政策や原子力政策の決定過程の閉鎖性については長谷川（2021）が参考になる。

7）A 氏は大野川上流部の大分県竹田市の出身で，約 20 年間の東京での生活を経て，下流部の大分市に移住してきた経歴をもつ。

8）政治的機会構造は，社会運動の発生やその後の展開に影響を及ぼす政治的な条件（政策決定過程の公開性や，政治的配置の不安定さ，有力な同盟者の存在など）を意味する。

9）2001 年に設置された淀川水系流域委員会では，多様なアクターが参加して「ダム建設の是非」を含めた活発な議論が重ねられたが，委員会が「脱ダム」方針を打ち出した後，2009 年に国交省が議論を打ち切ったため委員会は休止状態となった（見上　2009；山下　2010）。従来の治水政策との整合性など，多様なアクターに河川整備計画の決定過程を開いた結果に対する行政側の「危惧」がこの時期に強く現れていると考えられる。

10）紆余曲折はあれ今日に至るまで「流域懇談会」を機能させている多摩川に対して，大野川の流域人口は約 20 分の 1 であり，関わる市民団体の数も大きく異なる。多摩川に関わる市民セクターの動態と流域懇談会の変化については飯塚・原科（2012）にくわしい。

📖 参考文献 ···

Bevir, Mark, 2011, "Governance as Theory, Practice, and Dilemma," M. Bevir (ed.), *The SAGE Handbook of Governance*, London: SAGE: 1-16.

――, 2012, *Governance: A Very Short Introduction*, Oxford: Oxford University Press.（= 2013，野田牧人訳『ガバナンスとは何か』NTT 出版）

Harvey, David, 2005, *A Brief History of Neoliberalism*, Oxford: Oxford University Press.（= 2007，渡辺治ほか訳『新自由主義―その歴史的展開と現在―』作品社）

Havekes, Herman, Maarten Hofstra, Andrea van der Kerk, Bart Teeuwen, Robert van Cleef, and Kevin Ooserloo, 2016, *Building Blocks for Good Water Governance*, The Hague: Water Governance Center.

長谷川公一，2021，『環境社会学入門―持続可能な未来をつくる―』筑摩書房（新書）

飯塚史乃・原科幸彦，2012，「多摩川水系における市民団体ネットワークの組織構造の特徴」『計画行政』35(4)：45-55

Jessop, B., 2000, "Governance Failure" In Stoker, G. (eds.) *The New Politics of British Local Governance*, Macmillan: 11-32.

嘉田由紀子編，2021，『流域治水がひらく川と人との関係』農山漁村文化協会

金川幸司編，2018，『公共ガバナンス論―サードセクター・住民自治・コミュニティ―』晃洋書房

正村俊之編，2017，『ガバナンスとリスクの社会理論―機能分化論の視座から―』勁草書房

Meadowcroft, James, 2011, "Sustainable Development," M. Bevir ed., *The SAGE Handbook of Governance*, London: SAGE: 535-551.

見上崇洋，2009，「淀川水系流域委員会にみる河川整備計画への住民参加」『都市問題』100(2)：22-26

宮内泰介編，2013，『なぜ環境保全はうまくいかないのか―現場から考える『順応的ガバナンス―』の可能性』新泉社

日本水環境学会，2009，『日本の水環境行政（改訂版）』ぎょうせい

帯谷博明，2021，『水環境ガバナンスの社会学―開発・災害・市民参加―』昭和堂

大塚健司，2019，『中国水環境問題の協働解決論―ガバナンスのダイナミズムへの視座―』晃洋書房

Pahl-Wostl, Claudia, 2015, *Water Governance in the Face of Global Change: From Understanding to Transformation*: Springer.

佐藤仁，2009，「環境問題と知のガバナンス―経験の無力化と暗黙知の回復―」『環境社会学研究』15：39-53

Torfing, Jacob, B. Guy Peters, Jon Pierre and Eva Sorensen, 2012, *Interactive Governance: Advancing the Paradigm*, Oxford: Oxford University Press.

鳥越皓之，2014，「現代社会にとって風景とは」中村良夫ほか編『風景とローカル・ガバナンス―春の小川はなぜ失われたのか―』早稲田大学出版部：287-302

Tropp, Håkan, 2007, "Water Governance: Trends and Needs for New Capacity Development," *Water Policy*, 9 (S2): 19-30.

宇野重規，2016，「政治思想史におけるガバナンス」東京大学社会科学研究所ほか編『越境する理論のゆくえ』（ガバナンスを問い直すⅠ）東京大学出版会：21-40

UN-Water, 2014, A Post-2015 Global Goal for Water: Synthesis of Key Findings and Recommendations. (Retrieved August 8, 2023, https://www.un.org/waterforlifedecade/pdf/27_01_2014_un-water_paper_on_a_post2015_global_goal_ for_water.pdf)

山下淳，2010，「ローカル・ガバナンスと行政法―淀川水系河川整備計画を材料に
　して―」『都市計画』283：17-22

自習のための文献案内

①　嘉田由紀子編，2003，『水をめぐる人と自然―日本と世界の現場から―』有斐
　閣
②　宮内泰介編，2013，『なぜ環境保全はうまくいかないのか―現場から考える
　「順応的ガバナンス」の可能性―』新泉社
③　藤田研二郎，2019，『環境ガバナンスと NGO の社会学―生物多様性政策にお
　けるパートナーシップの展開―』ナカニシヤ出版
④　帯谷博明，2021，『水環境ガバナンスの社会学―開発・災害・市民参加―』昭
　和堂

　①は出版から年数を経ているが，環境社会学をはじめさまざまな学問分野から
「水」や「水環境」へのアプローチ方法を学ぶ上で，今日においても重要な基本文
献。②③は環境社会学の視点から，合意形成やパートナーシップなど広い意味で
の「ガバナンス」の課題を現場から考察している。④は「ガバナンス」概念の検
討をふまえて，河川をめぐる開発や災害，市民参加の諸課題について多様な事例を
もとに検討した研究書。

付記：本章の議論は，帯谷（2021）を再構成の上，加筆・修正を施したものであ
る。

第8章

地域社会におけるリスクと
人びとの対応

五十川　飛暁

1 環境変化にどう対応するのか

　われわれの社会の歴史は，つねに危険と隣りあわせでありつづけてきた。ほんの少し前まで，食べるものがない飢饉や生命をおびやかす災害は定期的に起こるものであったし，現在でも，地震や洪水による災害は容易に防ぐことができない。だから，危険をどのように避けられるのかは，つねにわれわれの社会の課題でありつづけてきた。

　だが，現代生活が直面する危険は，自然条件がもたらすものだけではない。科学技術の発展とともに，経済的な破綻や不況，カタストロフィックな戦争やテロ，温室効果ガスの増大をめぐる気候変動の問題など，さまざまな危険と向きあっていく必要が，新たに，あるいは規模と影響を大きくしながら，発生してきたのである。われわれが向きあう危険は，人為的な影響がもたらすものが多くなってくるとともに，複雑化，巨大化してきた。

　本章で事例として取り上げる水辺をめぐる環境は，どちらかというと自然条件の影響を大きく受ける存在である。だから，自然条件がもたらす危険を避けるべく，科学技術の発展の成果が積極的に反映されてきた。にもかかわらず，これまで継続的に大きな災害にみまわれつづけてきた場所でもある。そこに現象する危険は，まさに，複雑化，巨大化している。

　それらわれわれにもたらされる危険を，リスクという概念でとらえることが一般的になってきたというのが，本章で考えたい話題である。リスク概念に基づいた危険の把握は，われわれに予防や回避のための方策を教えてくれる。け

れども同時に，考慮しておかなければならない問題点も存在するようだ。また，本章でみていく水辺の事例においては，現場の人びとによる，リスク回避にとどまらない環境変化への対応が行われている。そこには，自然現象や環境変化との向きあい方を再考するヒントがあるように思われる。そこで，まずは近年のリスクをめぐる議論とその限界について確認をした上で，ふたつの事例の検討をもとに，環境変化への向きあい方に対する別なる選択肢を提出するのが，本章の目的である。

② 計算可能な危険としてのリスク

最初に，危険とリスクの違いを確かめておきたい。島村賢一（2010）によると，危険とは，たとえば自然災害のように人間の営みとは無関係に外からやってくるもの，外から襲ってくるものであるという。それに対して**リスク**とは，たとえば事故のように，人間自身の営みによっておこるものであり，自らの責任に帰せられるものである。本章では，危険という用語についてはもう少し広く，リスクも含んだ「あぶなさ」一般を指すものと考えておきたいが，ともあれ，いま示した危険とリスクの違いは，リスクという用語の特徴を教えてくれる。すなわち，われわれにふりかかる災難をリスクと表現する時，そこでは将来の災難を左右する人びとの行動が意識されることになる。リスクとは，きわめて社会的な概念なのである。

また，われわれがリスクという言葉から連想するのは，ビジネスや個人の選択の機会など，なにか意思決定をするに際して「それはリスクが高い」などと評価する場面である。リスクは高いか低いか（大きいか小さいか）で判断される。そこにも，リスクというとらえ方の特徴をみてとることができる。つまり，なんらかの状態や選択がもたらす結果について，計算による予測が可能であると考えることである。他方，計算不可能な危険が**不確実性**である（ナイト1921）。そして，われわれの社会の，とくに近代の歴史は，どうにかして危険を不確実なものから計算可能なリスクに置き換え，その上でリスクマネジメン

トをしようとしてきた過程であるといえる。

Pract/ce Problem 練習問題 ▶ 1

　あなたは自分の生活の中でどのようなことをリスクととらえ，どのような対策をしているだろうか。考えてみよう。

③ リスクの複雑化と普遍化

　このようなリスクへの関心の高まりは，環境問題とも深くかかわっている。ヨーロッパにおいてそれが強く意識されるようになった契機のひとつは，1986（昭和61）年に旧ソ連（現ウクライナ）のチョルノービリ（チェルノブイリ）原子力発電所で起こった原子力事故であった。事故による大量の放射性物質の放出は，現場にいまも人びとが居住できない地域を生みだしただけでなく，風に乗って広く北半球の全域に拡散することで，国境を越えた被害をもたらした。巨大科学技術の進展が他方でもたらしたこの事故は，現代社会の新たなリスクとして認識されることになったのである。1990年代以降，大きくクローズアップされるようになった地球温暖化などの問題も，同様である。

　近年の話題でいえば，2019（平成元）年の末に端を発した新型コロナウイルス感染症のパンデミックをめぐっては，ウイルスそのものの疫学的リスクはもちろん，感染可能性のある行為全般がリスクとしてとらえられ，渡航の制限など，世界中で国家的なリスクマネジメントとしての「自粛」が実行された。さらに，感染のリスクを下げる選択肢としてワクチン開発と供給も実施されたが，行動制限の経済への影響やワクチン接種に対する社会的不安など，リスクへの対処が新たなリスクを生みだすという側面も注目されるにいたった。

　こうした現代社会のリスクのもつ特徴について，アンソニー・ギデンズは，たんなる経済的な現象にとどまらず社会的な価値にも関連するようになっていること，技術的なリスクの側面がますます強まっていること，そして，リスクが国を超えたグローバルな影響を与えるものになっていることを指摘した（ギ

デンズ　1999)。

　またウルリヒ・ベックは，20世紀後半を境に，大きくリスクの質が変質したことを論じている（ベック　1986)。すなわち，従来の伝統社会から近代社会への変容の過程において社会的関心を集めてきたのは，もっぱら産業革命後の経済的生産力の拡大をめぐる，物質的な富の生産と分配についてであった。けれども，増大する富は人びとを豊かにするだけでなく，近代以前にはなかった規模での環境汚染や労働災害や事故をも生みだしてきた。その象徴的出来事が，先にあげたチョルノービリ原子力発電所事故であり，2011（平成23）年の東日本大震災の際におきた福島第一原子力発電所の事故であったといえる。科学技術の発展は，たとえば原子力をもちいたエネルギーの確保という富の再生産に向けた選択肢をつくりだしつつ，事故や廃棄物処理問題のように新たなリスクをもつくりだす段階へと社会を変質させてきたというのである。この新たな段階の社会におけるリスクは，それまでの主要な話題であった貧富をめぐるもてる者ともたざる者の対立などとは異なり，誰しもに影響を与えるような性質をともなう。そこに出現したのは，リスクの生産や再分配を問題にする社会であった。

　このように，現代社会におけるリスクはたいへん多様化するとともに，複雑化かつ普遍化の過程をたどってきたのである。

4　リスクマネジメントによる予防とその限界

　では，リスクという問題にわれわれはどのように向きあうことができるのだろうか。リスクとは，計算可能とされるような種類の危険である。そうであれば，なんらかの望ましくない事態が発生した時，それは顕在的または潜在的に生じていたリスクへの対応に失敗したためだと考えることになる。それゆえ，発生した事態の直接の原因やそこに関連する要因の影響について解明するとともに，将来を予測し，当該の事態が望ましくないものにならないような管理を行おうとすることになる（美馬　2012)。リスクマネジメントによる危険の予防

である。リスクはマネジメント可能だという考え方は，企業経営などにおいては経営指針として好まれるだろう。それを担ってきたのは，もっぱら専門知識をもった科学者や技術者たちである（ベック　1986）。

けれども，ベックは，現代のリスクは社会に埋め込まれているので，リスクのみを取り出して正しい対処とはなにかを論じることは適切でないという。われわれが思考し行為する際によりどころにしている計算可能なリスクを扱う言語は，危険を将来世代に伝えるという課題にすら，十全に応えることができないからである。たとえば喫煙者のガンのリスクや原発事故の可能性について現時点で確率に基づき計算できたとしても，過去および現在の決定によって，予見できず，制御不能な，さらにはコミュニケーションを取ることも不可能な結果をもたらす場合があり得るのだ（ベック　2002）。リスクへの対応が新たなリスクを生みだす過程には，際限がない。

さらにベックは，制御不可能なリスクの可能性は，科学技術の発展とともにむしろ大きくなっているともいう。この点が，次なる主体の問題にも大きくかかわってくる。

リスクが現実になにかの脅威を生みだすのは，複数のまったく異なったリスクが偶然的に積み重なった結果である。東日本大震災でも，地震，津波，ずさんな原発立地選定，全電源喪失時の危機管理の不手際など複数の異なった要因が重なった。現代社会での専門分化した諸科学によっては，そのように性質のまったく異なる複合リスクを一つひとつ理解し，さらにそれが組みあわさった影響を解明していくことはきわめて困難である（美馬　2012）。

しかも，今田隆俊も指摘するとおり，科学技術の合理性は「経済しか見ない単眼構造」にあり危険を視野からはずしがちである（今田　2002）。にもかかわらず，リスクは科学技術の進展によって乗り越えられるという科学信仰のもとに，専門家や技術者といったテクノクラートにリスクマネジメントの権限を集中させつづけることは，政治における民主主義的な意思決定をないがしろにしてしまう危険があるというのである（ベック　1986）。

なるほど，確かめてきたとおり，リスクはパラレルに複数要因が関係する上

154

に，時系列的にも，リスクが新たなリスクをつくりだす再帰的な側面をもつ。自己加害性をもった「自業自得」（今田　2002：67）のシステムなのである。

　では，どのような対応が求められるのだろうか。ベックは**サブ政治**の展開に注目している。サブ政治とは，「国民国家の政治システムである代議制度の彼方にある政治」（ベック　1997＝2010：115）であり，市民や公衆，社会運動，専門家集団，現場で働く人びとなどが社会計画に参加していく，下からの社会形成を意味している（ベック　1994）。これまで確認してきたテクノクラートへの意思決定の偏重というのも実は科学技術の進展の中で生起したサブ政治のひとつのあり方なのだが，リスク社会においては，リスク回避という目的をもった「不安による連帯」に基づいた対抗的なサブ政治の生成と展開の中にこそ，新たな公共空間の形成の可能性があるという（今田　2002）。

　ベックは，国際的な NGO の活躍などを例にあげつつ，近代化の徹底，個人化と民主主義の推進がリスク問題への対処の突破口になる，とした（ベック1997）。ただし，リスク論は魔法の杖ではない。リスクは「何をしてはいけないかを教えるが，何をしたらよいかは教えてくれない」（ベック　1994＝1997：24）し，克服しようとしてきたはずの不確実性を，あらためて目の前にもたらすようなものであるからだ。しかも，そのように不断に立ちあらわれる不確実性への対応ということを考えるなら，リスクの存在は「不安」といった用語とともにネガティブにだけとらえる必要もないかもしれない。それらを考えあわせれば，ベックの議論をヒントに，もう少し多様なサブ政治，もう少し多様な下からの社会形成というものを考えておいてもよいだろう。

　そこで以下においては，水辺の環境をめぐる不確実性とその対応に焦点をあてて，ヒントを探っていくことにしたい。

5 近代河川行政の考え方とリスク対応

　まずは日本の河川行政の基本的な考え方と展開について確認しておくことからはじめよう。そもそも，水をめぐる環境というのは，人に対して恵与的側面

と阻害的側面の両方をもたらすものである（野本　1999）。古来以降，河川は人びとにとってさまざまな資源や便益をもたらす存在であったが，同時に渇水や氾濫をはじめ，つきあいの難しいものでもありつづけてきた。河川はたいへん不確実性をともないつつ，けれども多様にかかわり得る存在であった。

　近代に入り，その不確実な河川を制御する技術として導入されたのが，ヨーロッパ起源の土木技術であった。この新しい知見は，河川やその変化を計算と予測により分析し統制することに長けていたが，治水と利水への関心のかたよりをもち，また，普遍性を重視するが故に画一的で没個性的なものであった（帯谷　2004）。

　以降これまで，日本の河川行政は，1896（明治29）年の旧河川法においては治水，1964（昭和34）年制定の新しい河川法においてはその目的に利水を加え，もっぱら治水と利水という機能を制御する対象として河川を眼差すようになった。とともに，「水系一貫主義」が導入され，水源から下流部まで一貫して国や県などの行政体が管理する政策がとられるようになったのである（嘉田2002）。各地にダムが建設されるようになり，水害への対応のために「いわゆる三面張り護岸やかみそり堤防といわれるような緊急的な流下能力優先の河川整備」（島谷　2003：54）が進められてきた。むろん，河川をめぐる意思決定は，河川工学や土木工学を駆使する行政や専門家に極端にかたよることになった。それによって，水辺は機能的にたいへん特化された空間となった。

　にもかかわらず，水害をはじめとする災害がおこりつづけてきたというのは周知のとおりである。けれども，それは既存のリスク把握を超える「想定外」であり，さらなる科学的知見をもって克服していかなければならないものととらえられてきた（牧野　2020）。先の議論と重ねあわせるならば，想定外の事態はその事態がおこることによってまさに既知のものとして計算と予測の対象となり，あらためてリスク化され，マネジメントされるべきものとなるのである。

　けれども，そこに，リスクをめぐる際限のなさと主体の問題がともなうことも，すでに確かめたとおりである。となれば，まさに水辺は多様なサブ政治の

可能性を考えるに値する対象だということができる。実際の事例から検討してみることにしよう。

Practice Problems 練習問題 ▶ 2

　近年，河川をめぐる水害が頻発している。あなたは，水害の原因はどこにあると考えるだろうか。複数の側面から検討してみよう。

6 河川敷における重層的，可変的なつきあいと不確実性

　ここで取り上げたいのは，茨城県の霞ヶ浦沿岸部のある集落（以降，X集落と表記）と，そこを流れる河川がつくりだす空間をめぐる変化についてである（図8-1）。X集落周辺は，霞ヶ浦のすぐ目の前に位置し，また霞ヶ浦に注ぐ河川の最下流部に位置している。それゆえ，とくに岸辺は水域と陸域の境界が曖昧で，水と深いつきあいをしてきた地域である。住民によると，戦前までは道路よりも水路のほうが交通の便がよかったとのことで，移動はもっぱらサッパ舟とよばれる手こぎの小舟が主であった。江戸時代からの新田開発地であるが故に水田が多いが，集落には漁を営む者も多かったという。そのような土地であるから，洪水とも縁が切れない関係であった。水がついた時には子どもたちはたとえば田んぼに上がってくるコイを捕りにいったというし，家自体が浸かってしまうような場合にも，軒先から釣り糸を垂らしたものだという。だが，いったん水に浸かってしまうと1か月は水が引かないことも当たり前であったといい，稲がすっかりダメになってしまうなど，水は大きな被害をもたらすものでもあった。とくに，霞ヶ浦では有名な1938（昭和13）年，1941（昭和16）年の洪水はX集落でもたいへんなもので，当時子どもであった古老によれば，水が引くまでは利根川の堤防など土地の高いところに避難して寝泊まりし，支給される緊急支援物資で生活していたというほどであった。

　そのようなX集落の水辺空間を大きく変貌させたのが，1957（昭和32）年に開始された，農水省による農業基盤整備事業であった。当時の社会情勢とし

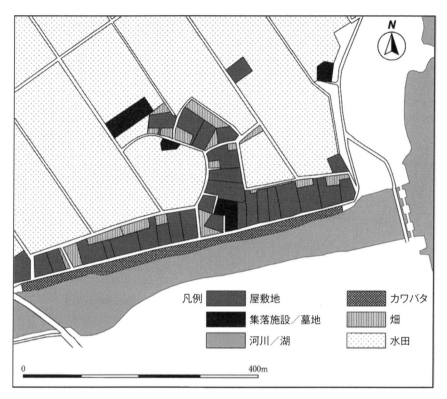

図8-1　X集落の概観と土地利用

出典）Isogawa（2024：121）を基に筆者作成

て，食糧の安定供給とそのための水害対策が必要とされたのである。事業によって，X集落には道路網が整備され，圃場整備が行われた。集落内を流れる河川に沿って県道が付けられるとともに，地元でパラペットとよばれる護岸堤防が設置された。一連の事業の結果，X集落の水域と陸域は，はっきりと区別ができるものになり，それ以降，X集落では家にまで水が浸水することはなくなったという。

　この変化は，安定的な農業生産力の確保とそのための治水にフォーカスした，リスク回避の成果ということができるだろう。空間的には，治水空間としての河川，生業空間としての水田，居住空間としての集落というように，地目

に応じた機能的な，あるいは目的合理的な空間になったといえる。

　けれども，である。もちろん事業の恩恵はおおいに受けつつも，リスク対応に基づいた機能的な空間の仕分けと，X 集落の人びとにとっての暮らしの実践とは，必ずしも一致するものではなかった。人びとの生活面からみるなら，集落内の地域空間は，治水や食糧確保といったリスクにただ集約されるような対象ではなかったからである。その一端を，X 集落の河川敷をめぐる人びとのかかわりからうかがうことができる。

　X 集落の河川敷は，そもそも不変にありつづけてきたものではない。もともとは河川沿いに家々が立ち並んでいたところに，先の事業によって堤防と道路が付けられることになり，移動や再配置の結果，あらためて「河川」の領域となった堤防の内側に，新たに出現した空間である。当該河川は一級河川となり，管理者は国から委託を受けた茨城県となった。その管理の論理は治水のための流水機能の確保にあり，散策など自由使用以外の利用は認められていない。

　しかし X 集落の人びとは，河川敷をカワバタとよび，かつて水がついた水田でコイを捕まえたように，アクセスをつづけている。具体的には，川岸に簡単な洗い場を設けたり，洗濯物を干す場として使ったり，花を植えたり野菜をつくったりといった菜園としての利用である（図8-2）。もちろんそのように記せば，たいへん私的で身勝手な利用のようにみえるだろう。ただ，けっして好き勝手に利用してよいというわけではなく，カワバタの利用をめぐっては集落内でのルールがある。それは，川沿いに並んでいるそれぞれの屋敷地の，その前に面するカワバタを利用してよいというものである。屋敷地の境界の延長が，そのままカワバタの境界としても生きているのである。見かけとしてのたいへん私的な利用の前提に，共的なルールの存在があるのだ。

　ただし，実際に河川敷に境界を示す柵が設置されていたりするわけではないし，ルールが明文化されているわけでもない。それは，日本の地域社会のどこでもそうであったように慣習的なルールであるからだということもあるが，カワバタが集落内の空間というだけでなく公的空間としての河川敷になったから

図8-2　カワバタの菜園

出典）筆者撮影

だ，ということも大きい。以前は苗床のためのハウスをみながカワバタに設置していた時期もあるというが，行政からの求めに応じて移動させたし，樹木の類も大きくならないように適宜剪定もしてきた。しかも，当該河川はスポーツフィッシングが盛んでもあるのだが，釣り人がカワバタに入ってきても，人びとはそれを問題としない。根気よく粘っている釣り人などには，家から椅子をもってきて座らせることもあるのだという。カワバタはオープンスペースとしての公的な機能ももちあわせているのである。

　そこに現出しているのは，私的でも，共的でも，そして公的でもあり得る，たいへん重層的な空間である。X集落の人びとにとっての水辺は，たとえ形態的に水域と陸域との境界がはっきりしたようにみえ，またあらゆる地域空間が機能的に特化されたようにみえる中でも，依然として，けっして「流水機能の確保」といった単機能を満たすだけのものではないのである。

　日本の村落研究は，以前より，宅地や農地といった空間であっても，それは個人の所有地であるとともに，集落の「オレたちの土地」でもあるという，**土地所有の二重性**を指摘してきた（川本　1983）。これは私的所有の底に共的所有が存在するという論理だが，X集落のカワバタからは，その多層性は公的な領域に対しても同じなのだという言い方ができるかもしれない。

　しかもこのような空間の扱い方は，人びとが水辺を重層的な所有と利用の対象として眼差しているというだけでなく，環境条件の変化に対する，リスクとは異なるとらえ方の可能性にもつながっている。

　先に議論したように，ある危険をリスクととらえて計算と予測に基づいて対策することは，新たなリスクを生みだしてしまう可能性をつねにもっている。そのリスク対応は，突き詰めていえば，際限がないものであった。実際，X集落も位置する霞ケ浦周辺では，利水と治水からのリスク対応として護岸整備を推し進めた結果，人びとの水辺に対する関心やかかわりの低下など，護岸以外の整備については逆にいきとどかなくなり，あるいは後退し，結果として地元の人びとに「荒れている」と認識されてしまうようになった空間も多い。霞ケ浦周辺にかぎった現象でもないだろう。

　けれどもX集落では，「自分の家の前の玄関のようなものだからほうっておけない」と語る住民がいて，カワバタはつねに手が入れられている。それがよくわかるのが図8-3である。この写真は一見して，左半分と右半分でまるでその様子が異なっているのがわかるだろう。実は右側の空間は，写真を撮影した時期，利用の権利を有するはずの住民が集落のメンバーとして認められていなかったために集落のルールが適用できず，そのまま据えおかれていた場所である。つまり，正しく「勝手な利用」がない状態であったのだが，その結果こそが，たいへん植物が生い茂り，自由利用をしようにもかえって誰もアクセスできない状態を生んでしまっていたのである。対して住民が接しつづける左側の空間は，手入れをして洗濯物を干す住民にとっても，釣りを楽しむ自由利用者にとっても，流水機能の確保といった特定の目的にとっても，ともに応え得る空間になっていたのである。

　そのような空間の生成を可能にしているX集落の住民の実践は，あらためて，環境条件の変化をリスクととらえるような対応とは異なるものと理解することができるだろう。X集落の人びとは，自分たちの身近な「オレたちの土地」である水辺が治水のための公的空間としての位置づけを要求されるようになっても，空間がもつ性格の一部として日常のふるまいの中に組み入れること

図8-3　カワバタの利用をつうじた管理

出典）筆者撮影

で機能的な特化をしりぞけ，状況の変化に応じた重層的かつ可変的なかかわり
をつづけてきた。環境条件の変化を個別にリスクとしてとらえることなく，あ
くまで不確実なものとしてつきあおうとしてきたのである。

　このような人びとの身近な空間に対する対応は，個人化や民主主義の徹底と
いった近代化をめぐる切実さとはまるで異なる牧歌的なものに映るかもしれな
い。けれども，確かに現在も生きている，あるいはつねにわれわれの暮らしの
中に潜在してきた発想のひとつである。その集合的な表出は，これもひとつの
サブ政治とよべるのではないだろうか。

Practice Problems　練習問題 ▶ 3

　私的利用と共的利用と公的利用の内，複数がともに成立するような空間はあなた
の身近にあるだろうか。探してみよう。

7 離島の観光対応にみる生活経験の応用

　さらに，いま河川敷で確かめたような水辺に対する人びとの対応のあり方
は，ただ危険を避けたり環境変化をかわしたりというだけでない，生活空間の

新たな創造といった局面にも発揮されるものではないだろうか。そのことを，筆者は調査の中で実感をもって体験したことがある。

　その体験をしたのは，沖縄県の北部，今帰仁村に位置する古宇利島においてである。古宇利島は周囲が8km足らずの，300人ほどが暮らす小さな島である（図8-4）。島の人びとは，畑でイモやサトウキビをつくり，海でタコやブダイをとり，また小さなフェリーで対岸に渡って近くの市街で働き，大阪や東京で出稼ぎをしながら暮らしてきた。複数の仕事を組みあわせる，いわゆる普通の離島の暮らしである。けれども，ここ十数年ほどの間に，古宇利島はたいへんな観光名所になった。2005（平成17）年に長さ2kmの橋を架け，沖縄本島と陸上交通で行き来することができるようになったからである。珊瑚礁由来の透明度の高い海を，橋を渡りながら，あるいは周遊しながらめぐることは，いまや沖縄北部観光にかかせないものとなった。

　この架橋という出来事は，交通や医療をはじめ「島ちゃび」といわれてきた離島苦に対して圧倒的な生活諸条件の改善とともに，島外からの資本や多様な人びとの流入など，地域社会の凝集性の持続といった観点からみればリスクともみなせる変化ももたらした。もちろん，島民にとってみれば，観光業への参画という新たなチャンスが生じたともいえる。

図8-4　古宇利島と古宇利大橋
出典）筆者撮影

　けれども，2008（平成20）年ごろから島にかよいだして継続的にみているかぎり，ときに浮足立った動きがありつつも，島の人びとは，変わらず，普通に暮らしている。「普通に」というのは，あいかわらず畑や漁をはじめ複数の仕事を組みあわせながら暮らしているということである。そこに，これまでより遠くの市街にまで仕事に出るなど，新しい選択肢を付け加えてきた。観光客が増えたからといって，観光に島の未来を賭けるというような動きはとくにみられない。それは現在の観光が通過や一時的滞在が中心であること，また，観光客を惹きつける店舗や雰囲気づくりといった点で移住者や都市部の人びとにかなわないからだということもあるだろう。島に増えてきた宿泊施設や観光施設にパートに出たり，あるいはビーチがにぎわうシーズンには監視員をしたり，近年は民泊を受け入れてみたりといったように，あくまで，組みあわせる仕事のひとつとしてとらえているようだ。それゆえ，観光を島の活性化のチャンスととらえるような見方からすれば，活性化の担い手としては少しばかりぎこちないようにもみえるかもしれない。

　そんな島の人たちが，数日後に高校生の体験授業を実施するという話を聞いたのは，2023（令和5）年の秋であった。島にかよいだしたころからの馴染みの島民が「おまえらも手伝いにこい」という。その場にいた島民に声をかけ，また知りあいたちに電話して講師役を集めていた。内容は「カヌー体験」で，高校生の修学旅行の日程に組みこまれているのだという。人数は300人あまりだ。旅行会社の依頼で，ここ数年，年に何回かこの手の話を受けるようになり，いまはその島民が講師役の確保や当日の仕切りを担っている。参加する人数もすごいが，旅行会社の企画のもとに実施されるということで，いろいろとフォーマルな対応が必要とされる。そんなことが，素朴に畑に出たり漁を営んでいる「普通の」島民たちに可能なのだろうか。また，実際に数日後の平日に必要なだけの講師役を集めることができるのだろうかというのが，たいへん失礼ではあるのだが，正直な印象であった。

　しかしながら，その印象は，見事に裏切られた。カヌー体験は，高校生たちのたいへんな盛りあがりと，スムーズな進行のもとに，きわめて充実したもの

として実施されたからである（図8-5）。まず，当日現場にいくと，すでに20名近い島民たちが講師役や見守り役として集まっており，救命胴衣やカヌーや仮設テントの設営といった準備を実に手際よく進めていた。数日の声掛けで平日の朝にこれだけ集まれることに驚いた。

また，いざ始まったカヌー体験は，沖縄の伝統漁船であるサバニに10名ほどが乗りタイミングをあわせてそれぞれが櫂をこいで前進させる，地元でハーリーとよばれる舟こぎ体験であったが，櫂の扱い方の基本を教えたあとにさっそくおこなわれたのは，4艘のハーリー舟による競争会であった。スタート地点に舟が並ぶと，スピーカーをとおして聞こえてきたのは，馴染みのある実況中継の声。高校生たちの高揚の中でスタートが切られる。それはまさに，島でいちばんの大祭であるウンジャミで実施される，ウガンバーリー（御願バーリー）の形式そのものであったのだ。

なるほど，そう考えるとスムーズな進行にも納得がいく。ほとんどの島民たちは，櫂をこぐ技術を普通にもちあわせている。かつては漁に出るための技術でもあったが，舟がエンジン付きに変わっても，祭りにかかわっていく上ではいまも欠かせない，暮らしの中での当たり前の技術である。それを現場で教えるのに，とくにかしこまって向きあう必要はない。舟への乗り降りや，こぎ手

図8-5　高校生のカヌー体験

出典）筆者撮影

の息のあわせ方などについても，同様である。なお，ハーリー舟は船尾に梶取りという船頭役をおくが，これは講師役として集まった島民たちが受けもっている。梶取りは，当たり前の技術とはいえども上手い下手があるので奥が深い。高校生たちのレースを見守りながら，ある島民は「あの梶取りは位置取りが悪いからな」とか「あの子たちのこぎ方からみて手前の舟が勝つ」などとつねに予想を聞かせてくれたが，それも，島の人たちが熱狂するウガンバーリーを応援する時に聞くのと同じであった。自分たちの経験を「よそいき」に仕立て直すことなく無理のないかたちで共有し，高校生たちと一緒に機会を楽しんでいたのである。

　さらに，そのように普段の古宇利島の人びとの暮らしと結びつけて理解すると，当初，機会ごとにその場や電話で頼んでまわるようなやり方で講師役が集まるのだろうかと勝手にしていた心配も，杞憂であることが了解できた。そうした人の集め方も，実際にほんの少し前に「人びとのなにげない当たり前」として目の当たりにしていたところだったからである。

　その年の5月，久しぶりに会った漁師に島の名産のスイカをごちそうになっていた時である。季節外れの大きな台風が接近する中で，カヌー教室を差配する島民がそうしていたのと同じように，漁師は知りあいにいくつか電話をかけていた。養殖モズクの収穫期だがまだ収穫が終わっておらず，台風の前に収穫してしまわなければ，全部流れてしまうのだという。その手伝いとしてのはたらき手を得るためであった。誰に頼むのかと聞いたら「友だち」ということだったが，その時にも，翌日の仕事にもかかわらず，あっという間に話がついていた。「明日は（そちらの仕事はいったんおいて）こっちにきてね」という依頼にあっさりと「了解」の返事が繰りかえされる。実際，翌日漁港にいくと，その漁師だけでなく，他のモズクを営む人たちも，それぞれ手伝いの仲間たちと一緒に，次々と水揚げを実施できていたのである（図8-6）。

　海とつきあいながら暮らす古宇利島の人びとにとっては，いくら対策をしようとも，いつも海から一方的に自分たちが資源を得るだけではいられない。だからこそいくつも仕事を組みあわせながら生活をしてきたところがある。そし

166

て，お互いがいくつもの仕事を組みあわせながら生活をしているが故に，ある人に仕事上の助けが必要な時に，その助けを，自分の仕事のひとつとしてこなすことができる。お互いに，である。ともに働く場は，不確実な状況に応じて不断に生成される。海とのつきあいを前提にした暮らしというのは，橋が架かっても，実は大きくは変わらない。その暮らしのリズムの中に，今回のカヌー体験という観光実践も位置づけることができる。

　みえてきたのは，なんらかの変化を避けるというよりも，その時々の変化を，あくまで自分たちのこれまで培ってきた生活の成りたたせ方をベースにして，使いこなしていくような暮らしである。換言すれば，やってくる不確実性を自分たちの経験をもってその時々に判断していくような暮らし方である。

　この古宇利島の人びとのふるまいも，前半で検討してきたようなリスクをめぐる対応とは異なる環境変化への向きあい方である。計算可能性をもって事態を個別に切りとって考えるのではなく，あくまで自分たちの暮らしを成りたたせてきた経験——それは自分たちだけでない，先達たちもふくめた時間軸の中にある——と結びつけながら対応していく。そのような，経験の連続性の中に環境条件の変化を位置づけていく能力こそが，架橋による極端な開発圧力や観光圧力にさらされながらも，それを完全に否定したり完全に受け入れるのとは

図8-6　モズクの水揚げ

出典）筆者撮影

ちがう，古宇利島のユニークな観光実践を成立させているのだと理解しておきたい。その実践は，環境条件の変化をプラスに使いこなす可能性にも，つねに開かれているのである。

🎱 人びとの経験に基づいた暮らしの更新

　最後に，これまでみてきたような，不確実性をリスクに変換するのではない，その時々に応じて不確実なまま対応していく力の源を，どのように把握しておけばよいのだろうか。

　いかに景観が共的なものとして生成し得るのかを問うた小田亮（2018）は，「原風景を維持する」というのは，古い建物を壊してビルを建てるようなスクラップ・アンド・ビルドの開発とはちがうが，けれどもただ歴史的な文化財を保存するのとも異なると述べている。それは，新しいものを拒否することを意味するのではなく，住民が自分たちで徐々に新しいものに置きかえていくような変化を容認する実践であるという。その時に重要なのは，それぞれの住民たちのもつ経験が，過去と断絶することなく，経験のレベルで共有されることであると指摘した。環境条件の変化への人びとの経験に基づいた対応には，「更められた新しさ」（小田　2018：14）が備わるというのである。

　環境条件の変化をリスクとして把握する対応は，その変化に対する予測と制御と予防を提供することができる。だから危険の回避にたいへん有効であるが，リスクはその対応が新たなリスクを生む仕組みの中にあるため際限がないこと，またリスクを差配する主体が科学的知見をもった専門家にかたよってしまうという構造的な問題があることも確認してきた。リスク社会として社会をとらえる実践は，社会自体の更新の難しさも抱えている。

　それに対して，本章の事例の中で把握してきたのは，現場の人びとがその時々の環境条件の変化の中で「経験の連続性の維持」とよべるような論理にしたがい，環境条件の変化を受けとめ，自分たちの暮らしを更新していく営みであった。経験の連続性の上に表出される集合的な対応には，危険の回避だけで

ない，身近な環境や暮らしの新たな創造もふくめたサブ政治の実現の可能性があるといえる。

■ **参考文献** ··

Beck, Ulrich, 1986, *Risikogesellschaft : Auf Dem Weg in eine andere Moderne.* Frankfurt am Main: Suhrkamp.（＝1998，東廉・伊藤美登里訳『危険社会―新しい近代への道―』法政大学出版局）

――，1994, "The Reinvention of Politics: Towards a Theory of Reflexive Modernization", U. Beck, A. Giddens and S. Lash, *Reflexive Modernization*, Cambridge: Polity Press.（＝1997，松尾精文・小幡正敏・叶堂隆三訳「政治の再創造―再帰的近代化理論に向けて―」『再帰的近代化―近現代の社会秩序における政治，伝統，美的原理―』而立書房：9-103）

――，1997, *Weltrisikogesellschaft, Weltöffentlichkeit und globale Subpolitik*, Picus Verlag, Wien.（＝2010，島村賢一訳「世界リスク社会，世界公益性，グローバルなサブ政治」『世界リスク社会論―テロ・戦争・自然破壊―』筑摩書房：69-146）

――，2002, *Das Schweigen der Wörter : Über Terror und Krieg*, Suhrkamp, Frankfurt a. M.（＝2010，島村賢一訳「言葉が失われるとき―テロと戦争について―」『世界リスク社会論―テロ・戦争・自然破壊―』筑摩書房：21-65）

Giddens, Anthony, 1999, *Runaway World*, Profile Books, Ltd.（＝2001，佐和隆光訳『暴走する世界―グローバリゼーションはなにをどう変えるのか―』ダイヤモンド社）

今田高俊，2002，「リスク社会と再帰的近代―ウルリッヒ・ベックの問題提起―」国立社会保障・人口問題研究所編『海外社会保障研究』138：63-71

Isogawa, Takaaki, 2024, "Multilayered Commons Space: Dry Riverbed Use in a Local Community in Ibaraki, Japan" Daisaku Yamamoto and Hiroyuki Torigoe eds., *Everyday Life-Environmentalism : Community Sustainability and Resilience in Asia*, Routledge, 118-128.

嘉田由紀子，2002，『環境社会学』岩波書店

川本彰，1983，『むらの領域と農業』家の光協会

Knight, Frank H, 1921, *Risk, Uncertainty and Profit*, Houghton Mifflin Company.（＝2021，桂木隆夫・佐藤方宣・太子堂正弥訳『リスク，不確実性，利潤』筑摩書房）

牧野厚史，2020，「災害と農林漁業―『まさか』と『やはり』の災害論―」『西日本社会学会年報』18：39-52

美馬達哉，2012，『リスク化される身体―現代医学と統治のテクノロジー―』青土社

野本寛一，1999，「環境観と神観念」鈴木正崇編『大地と神々の共生―自然環境と

宗教―』昭和堂：84-113

帯谷博明，2004，『ダム建設をめぐる環境運動と地域再生―対立と協働のダイナミズム―』昭和堂

小田亮，2018，「コモンとしての景観／単独性としての風景―景観人類学のために―」首都大学東京人文科学研究科『人文学報』514-2：1-21

島村賢一，2010，「ウルリッヒ・ベックの現代社会認識」ウルリヒ・ベック（島村賢一訳）『世界リスク社会論―テロ・戦争・自然破壊―』筑摩書房：147-183

島谷幸宏，2003，「河川環境をどう捉えるか」嘉田由紀子編『水をめぐる人と自然―日本と世界の現場から―』有斐閣：45-75

自習のための文献案内

① 菅豊，2006，『川は誰のものか―人と環境の民俗学―』吉川弘文館
② 鳥越皓之ほか編，2006，『里川の可能性―利水・治水・守水を共有する―』新曜社
③ 川島秀一，2022，『いのちの海と暮らす―日本の沿岸漁業民俗誌―』冨山房インターナショナル
④ 植田今日子，2016，『存続の岐路に立つむら―ダム・災害・限界集落の先に―』昭和堂

　① は歴史的に河川と人びとがどのように重層的につきあってきたかがよくわかる。② は現代の河川を里川ととらえ，川と関わることの必要と可能性を論じている。③ は漁民の生活に着目しつつ，沿岸漁業の歴史と民俗の実態をとらえなおしており参考になる。④ は災害や公共事業や過疎といった環境条件の変化に対して人びとがどのように向きあってきたのかを深く学ぶことができる。

第9章

利用価値の変化にともなう
水環境との関係の再構築

楊　平

1 水のある環境を利用し続けること

　琵琶湖の周辺には，上下水道が完備された今日でも，集落の中を流れる小川
や水路，そして湧き水や溜池などの水の環境が，周辺住民にとっての身近で大
切な存在であり続けている地域がある。

　北川湧水という有名な湧水が涌き出る近江八幡市安土町常楽寺もそのひとつ
である。ただ，湧水が流れる北川は，1987年頃に実施された川の全面改修工
事によって，土の川から川の底や側面がコンクリート張りの川に変わり，生態
系も景観も大きくかわった。それでも，北川の水は，野菜を洗ったり，夏にな
るとスイカやお茶を冷やしたりする，生活用水として利用され続けている。ま
た，住民は現在も川掃除を続けており，川と関わり続けているのである。

　水道が普及し，川がコンクリート化され，川の管理も行われなくなる事例
は，九州の柳川などをはじめ，多くの地域で報告されてきた。その行き着く先
に暗渠化による川の消滅があったりする。それに対して，常楽寺をはじめ，琵
琶湖周辺のいくつかの地域では，住民たちが，掃除という努力を払ってまで川
と関わり続けているのはなぜだろうか。本章では，この川に対する人びとの関
わりの持続性のからくりについて，滋賀県の2つの地域の事例からみていくこ
とにしよう。

Practice Problems 練習問題 ▶1

　川や水路，湧水など，身近な水のあるところを探してみよう。

② 住民と北川の付き合いの歴史

　近江八幡市は，旧近江八幡市と旧安土町が合併してできた市である。旧近江八幡市は，1954 年 3 月に，八幡町と岡山，金田，桐原，馬淵の 4 つの村が合併して誕生し，同年 4 月に安土，老蘇の 2 つの村が合併して旧安土町が誕生した。安土町では，1979 年 10 月に安土町上水道が供用を開始した。

　近江八幡市安土町常楽寺地区は，旧安土町に位置し，寺内町，橋本町，西町，愛宕町，番頭町，東横町，西横町，上横町の 8 つの町によって構成されている。その内，寺内町には，約 30 軒の家がある。そこに住む人びとは，かつてヨシ業，農業などによって生活を営み，内湖や田畑での作業のため，船は欠かせないものであった。

　一方，近江八幡市市域は，旧近江八幡市が国土庁「水の郷百選」に認定されたように，数々の湧水が点在している。旧安土町の常楽寺も湧水で有名な地域である。今も集落の中を湧き水の川や水路が流れており，かつては，常浜，的場浜，寺内浜とよばれた船着場があり，田舟（水路を往来する小舟）の係留にも使われていた。常楽寺には地下水が自噴する数々の湧水が点在し，梅の川湧水や音堂川湧水，北川湧水がこの地域の代表的な水場である。北川湧水は，常

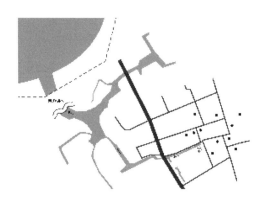

図9-1　北川湧水の水系図

出典）国土地理院地図（電子国土 Web）をもとに筆者作成

浜を経て盆川，山本川と合流し，そして西の湖へ流れている（図9-1）。

　北川では，昭和の頃，自宅の庭で飼っていた鶏を，北川のしもあたりでさば
く光景がみられたという。1980年代頃までは，よく野菜洗い，スイカや瓶ビ
ールなどを冷やしたり，生活用具や農機具を洗ったりする住民たちの姿がよく
みられたという。子どもたちはこの水を飲んでいた。

　かつての川を知る住民によると，北川の川底は，もともと土や砂，砂利だっ
た。魚や昆虫の幼虫などが生息し，藻などが付きにくく，水遊びや掃除もしや
すかったという。

　ところが，1987年頃，この北川の全面改修工事が行われた。この工事によ
り，川に隣接する道路の幅を広げ，川幅は狭くなった。川の底や側面は，コン
クリート張りになった。どうして，このような改修が当時行われたのかは，地
元の人もよくわからなくなっている。

　ただ，確かな結果は，本来の川の生態を変えてしまったことで，その点につ
いては，地元の人びとには異論があった。地元では，コンクリート張りをやめ
て，本来の川に戻そうとして，皆で話し合いをしたという。この話し合いは，
結局，改修費用を用意することができなかったために，川の再改修を実現する

図9-2　北川湧水の様子

図9-3　北川で
野菜や用具洗いの光景

図9-4　収穫した野菜を
かごに積んで北川で洗う

出典）図9-2〜図9-4筆者撮影

表9-1　近江八幡市常楽寺地区の水環境に関連する出来事

1979年10月	安土町上水道が供用を開始
1980年代頃まで	北川で野菜を洗ったり，スイカや瓶ビールなどを冷やしたり，生活用具や農機具を洗ったりするなど日常的利用
1987年頃	北川の全面改修工事
1996年2月	近江八幡市が国土庁「水の郷百選」に認定される

には至らなかったのだが，人びとは川への関心をもち続けることになった。

　現在，川の周辺は，川の近くに居住する子どもたちだけではなく，近隣の子どもたちもよく集まったり遊んだりする場所になっている。川の近くには駐輪スペースなどはないが，近隣の小中学生たちがよく自転車でここへ遊びに来るという。この地域で唯一，子どもたちが夜に外で遊べる場所として地元住民の間で認められている。集まってくるのは，近隣の子どもたちだけでなく，小さい子を連れた親たちもいる。住民によれば，皆にとって憩いの場となっているのだという。ここまでの経緯をまとめたのが，表9-1である。

　このような川と住民との長年にわたる関わりには，常楽寺の地域組織が重要な役割を果たしている。次に，その地域組織の活動をみてみよう。

Practice Problems 練習問題 ▶ 2
　近年，川がどのように利用されているかを調べてみよう。

③ 川の管理を担う地域組織

　北川湧水は，近江八幡市常楽寺周辺の上の浜で琵琶湖に流れ込む。もともと港だったところで，江戸時代には，この浜を利用してヨシを荷揚げしていたが，この付近も1988年頃から徐々に整備が進められ景観は変化している。

　北川湧水を管理する組織は，特色がある。通常，こうした小さな川は自治会が管理していることが多いのだが，北川の場合は，北川講という，信仰維持の機能をもつ組織が川の管理を行っているからである。講員は，近江八幡市常楽

寺地区に属する番頭町と寺内町に居住している。寺内町の戸数は 30 軒ほどで，かつてはヨシ業を営む家があったが，兼業農家の家もあった。寺内町と番頭町に居住している家々は，主に沙沙貴神社の氏子であり，祭りに関連する種々の役を担っている。

北川を守ってきたのは，北川講である。北川講は，北川の周辺に居住する 11 軒の家々によって構成されている。この講員たちは地元では「北川講の家」ともよばれている。北川講の講員の構成は，もともと 12 軒ほどの家によって構成されていたが，2023 年現在は，実質実働（実動）しているのは，11 軒の家となっている。現在活動している 11 軒は，同じ町内に居住している住民ではなく，北川の両サイドに居住している家々によって活動を継続している。この 11 軒の家のうち，4 軒が常楽寺の番頭町の住民であり，7 軒が寺内町に居住している。番頭町に属しているのは 4 軒である。この 4 軒とも，川に面した家々である。寺内町に属しているのは，7 軒である。

北川講の活動は，大きく 2 つに分けられる。ひとつは，地蔵盆に関わること。二つ目は，川掃除など川に関わることである。この川掃除には，講員以外のメンバーも参加する。

まず，地蔵盆に関わることをみておきたい。毎年 8 月 23 日に地蔵盆関連の行事が行われる。午前 8 時頃に講員たちが参集して，川や地蔵や祠のまわりを掃除する。その後，地蔵の前かけを地蔵盆用に取り換え，祠前に板の段や生花の設置をし，お菓子のお供えをおき，鈴縄の取り換えなどを行う。また，参拝者を受け付けるため，講員から 3 名の当番を出す。当番は，飾りつけのあと，夕方まで待機し，参拝にきた人からの，お布施の受領やお返しの配布などを行う。配布するのは，お菓子と日用品の詰め合わせなどである。参拝者はほぼ決まっていて，講員を含めて 50 名前後が参拝する。

その後，午後 20 時ごろから 3 〜 40 分程度，ご詠歌を歌う。ご詠歌は講員の女性が担当し，鈴などを用いて行う。2022 年までは地面に敷物を敷いて座ったが，2023 年から椅子，演台を設置するようになった。

当番の決め方には，ルールがあった。当番は 3 年間続き，2 番目の家が主当

表9-2　当番の決め方

家	2022年	2023年	2024年
A家			
B家			
C家	当番		
D家	主当番	当番	
E家	当番	主当番	当番
F家		当番	主当番
G家			当番
H家			
I家			
J家			

出典）聞き取りに基づき筆者作成

番となり，順に回っていく（表9-2）。主当番のしごとは，花，不足品などの購入，用紙などの準備や地蔵盆後に講員へ行う会計報告などである。

　ちなみに，地蔵盆以外の通常時の地蔵の世話は当番が決められている。当番は，月ごとに家順に回すことになっている。当番の仕事は，仏飯のお供えや仏花の取り換えなどである。

　2つ目は，毎週日曜日に講員全員で行う川掃除である。午前8時頃に川の近くに集合し，30分程度川掃除を行う。川掃除は，デッキブラシでコンクリート張りの川底，川の側面の汚れをこすって取り除く。川底や川の側面には1週間でミズゴケなどのようなものが付着するので，それを取り除く。ただ水量が多いのでとれたミズゴケはすぐに流れる。この川には家庭からのごみや不法投棄ごみはない。しかし，講員たちは，「コンクリートになってから，掃除はものすごく大変。なので，数年前にコンクリートをやめようとしたができなかった」という。

　こうした北川講の活動は，60年以上前から続いている。しかも，講員の家は，これまで変わることもなかったという。講員はもともと12軒から成っているが，そのうちの1軒は，現在高齢で，体調が悪いため活動を一時停止して

いる。しかし，講から抜けることはないという。

　このように，12軒の家によって構成されているこの地域組織は，一見して，何気ない日常の「しごと」を長年にわたって継続している。この何気ない日常活動の継続があることで，湧水の川は今日まで守られてきたのだと，講員はいう。

　この川掃除が面白いのは，地元ならではの礼儀作法が定められていることである。それは，昔からどの家（誰）が川のどの部分を掃除するのかが大体決まっていることである。たとえば，H家は右のやや広い1本の流れの一番上の上流あたりを掃除する。X家は下流の手前を掃除する。N家（講のメンバーではない）は川の左側の細い流れの一番上流あたりを掃除する。川に面しているK家はH家とM家の間あたりの部分を掃除する。あとから来た人は，来た順番で適宜空いているところに入って川掃除を行う。このように，講のメンバーではない住民も掃除には参加する。

　毎週掃除するのは，「ある意味，負担だが，（講を）抜けるほど大きい負担ではない」と講員はいう。毎週日曜日の朝8時半から行われるので，けっして楽な作業ではないように思えるが，いつも早く来て早く掃除をする人がいる，という。そのため，通常は30分かかる掃除が，15分ほどで終わることもよくあるという。「皆が出ているから15分でも抜けると，○○さんが連続して来ていないという変なうわさがたつ。言われるのがいやだから出る」という気持ちがあるという人もいる。しかし，実際には「そう問い詰める人はいないのだ」ともいう。また，講員の内，掃除に出ない人がいることも許容されており，メイン講員であっても，ルールの遵守はゆるい一面がある。

　しかし，講員たちには，心配ごとはないわけではない。河川改修がされる前のような川の利用が減り，河川改修によって，川幅がやや狭くなり，川底もコンクリートになって藻などがつきやすく掃除しにくいという。そのため，掃除の負担が増している。かつてのように川が生活利用としての場でなくなりつつある中，「みんながどんどん高齢になってきて，これから講はいつまで存続できるか」も心配だという。このような困難な状況にもかかわらず，講員の中に

178

図9-5　北川掃除用具

出典）筆者撮影

は川に関わる「しごとをやめるという家はほとんどない」という。

　では，なぜ住民たちは，高齢化による困難を抱えながらも，川とかかわりを
もち続けているのであろうか。この点について，住民たちの語りをもとに検討
してみたい。

Practice Problems 練習問題 ▶ 3
　川や水路，湧水など身近な水環境を管理する住民グループについて調べてみよう。

4 住民にとっての北川という存在

　毎週，川掃除に来ている80歳代男性Kさんは，親の代からこの場所に住ん
でいて，昔から北川は魚とりや水泳の場としてではなく，飲料や食材洗いなど
生活用水の場として利用してきた。昔は川幅が今よりやや広かったが，飲み水
汲みや食材や食器洗い，歯磨きなどで利用する人が多かった。そのため，順番
まちで川をよく使っていたが，川は水量もあり自浄力もあって，いつも綺麗だ
った。

　Kさんは，水道が入ってから川の水を利用しなくなっても，毎週掃除だけで

なく，川の周辺を散策したり，水の状況を確認したりして，川の汚れ具合を確認している。小川の改修がされてから，コンクリート側面や底面にコケが付きやすく，1週間掃除しなかったらすぐ汚れてしまうことは，「みっともない，川に申し訳ない」「川は何もわるくない。水を使わなくても掃除はあたりまえ」だと思っている。

つまり，川には利用価値がなくても，川そのものの存在自体はKさんにとって意味がある。「川をほっておけない」という気持ちがあり，川掃除が習慣化されている。これが川を守り続けることにつながっていると考えられる。

また，北川の最上流に住むT家は，江戸時代ころからこの地でヨシ業を営んでいて，Tさん（60代）は，川がみんなのもので，川が利用の場でなくなっても，川を手放したり，見捨てたりしてはいけないことや，川や習俗に関わる活動は，川へ感謝の気持ちで行われるべきものだという。川掃除は昔からやっているからやめられない，もしやめることになったら，川の世話を市や自治会が担うことは難しいだろうと考えている。

このように，北川とのかかわりは習慣化されており，かつてのような用水としての利用価値がなくても，そのままの姿で存在価値がある。だから川をほっておけないということであろう。一方，川を「汚すことを許せない。綺麗にしておきたい」，「そのため，多少の労力を費やしても，川を守らなければいけない」という講員も多い。

北川は，生活や生業上の利用度が高く付加価値のある水環境とくらべると，関わる動機付けが弱いように思われる。しかし，地域住民は北川への働きかけを長年にわたり継続している。それによって，家と家との関係も維持されている。北川の水環境は，「人と水環境」と「人と人」の「緩やかな関係性」によって維持されている。この関係性には，文化的要素が含まれており，「文化に根差した環境倫理」とよべるものである。

Practice Problems 練習問題 ▶ 4

身近な水環境とかかわり方について，地域住民に取材してみよう。

5 水環境を大切にしている琵琶湖湖西の地域

　琵琶湖湖西に位置し，湖岸から比較的近い，滋賀県高島市新旭町針江は，現在戸数は約170戸である。針江地区には，針江大川，石津川，小池川の3つの川が流れている。1880年の『滋賀県物産誌』によると，かつて，明治初期における針江の人口は126軒622人で，そのうち111軒が農業に従事すると記載されている。

　針江という地名の針は墾（ハリ）で，沼地を開いた墾田に由来する。針江は，もともとは饗庭村に属する5つの大字のうちのひとつであった。1972年の『新旭町誌』によると，針江は南瀬，北瀬に分かれ，北瀬は針江村であり，1410年，石津勘兵衛が家来6人と南瀬に住み，南瀬を小池と名付けた。1873年の針江村地引全図によれば，西出，八田，川北，西浦，大久保新田，餅出，東浦の7つの小字がある。1874年に針江村と小池村が合村して針江村になった。1955年に饗庭村・新儀村が合併して新旭町になり，2005年には旧高島郡の6町村が合併して高島市となっている。

　中央を流れ，内湖を経て琵琶湖に流れ込む一番大きい水系は，針江大川である。かつて，この川は，個々の家々と湖辺を結ぶ唯一の水運の道であり，湖辺の水田を耕すため欠かせない存在でもあった。この地区に住む農業者たちは，

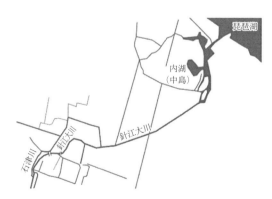

図9-6　針江地区における水系図

出典）国土地理院地図（電子国土 Web）をもとに筆者作成

囲場整備を行う前まで，湖辺の水はけの悪い水田を耕作するため，家と水田の間を田舟で行き来していた。田植えの時期に，稲の苗や農具を舟に積んで運んだり，収穫の時期に稲わらや稲などを積んで運んだりしていた。一方，漁業者たちは，内湖のヨシの手入れや，内湖や琵琶湖でエリ漁や定置網などの漁業をするために，この川を1日何往復もしなくてはならなかった。かつては川沿いに，塩や魚などを扱う問屋や舟を停留するための場所もあった。当時，川を使って，琵琶湖の沖に停泊した汽船まで米や魚などを運んだりして，湖西と県内外の地域との物流のみならず，地域内外との交流ができたのも，この川の役割が大きかったという。川の中に溜まった泥や藻，水草などは，田んぼや畑の肥料として利用されていた。また，湖辺の田んぼは水はけが悪いため，毎年田の土をかさあげする必要があり，泥やワラなどを混ぜてかさあげすることもあったという。さらに，川につながる内湖や琵琶湖で漁業をしていた頃は，「川を大切にしないと，内湖や琵琶湖にも影響がでる」というほど，川の水質や生態を重視していた。

　農閑期や夏休みなどの川での遊びも大切な経験のひとつであった。遊びを通じて川やその周辺から得られる資源は，生活にも利用されてきた。川辺には，野イチゴや桑の実などがあり，子どもたちにとって大切なおやつであった。針江に住む人びとは，大人子どもを問わず，川や川につながる内湖や湖辺で魚やシジミなどをとっておかずにしていた。川で洗濯や道具洗いなどもしていた。

　このように，針江地区の人びとにとって川は，農業や漁業だけでなく，生活のあらゆる場面において，「さまざまな恵みを提供してくれる」，「資源の宝庫」，「欠かせない存在」であったという。また，「昔は皆がよく川で遊んでいた」，「子どもたちがいつもそこでわいわい，賑やかで，笑い声もよく聞こえていた」という。川をめぐる価値は，農業や漁業に関わる生業資源としての価値のみならず，生活上でも多面的利用価値があった。

　しかしながら，1970年代ころから琵琶湖総合開発が実施され，湖辺にあった湿田が囲場整備によって再区画された。そのため，これまで湖辺にあった水田は陸側に再分配され，舟で家から湖辺への移動もなくなった。また，これま

図9-7　地域の中を流れる針江大川の様子

出典）筆者撮影

で内湖や湖辺で農業や漁業をしていた人びとも減り，川や内湖，湖辺を利用することも次第に減ってきた。

　また，上下水道の整備が完了したことで，かつてのように川を洗い水にするという生活上の利用も次第になくなった。

　こうした生業環境が変わってきたことにより，川の利用も次第に減り，人びとと川と関わりの機会も減り，結果，川は利用される対象から放置される対象へと変わっていった。放置されればされるほど，川への関心も薄れていった。

　では，こうした川と人の関係の変化に対して，針江地区の人びとはどのような動きをとったのであろうか。

Practice Problems　練習問題 ▶ 5

　川とのかかわり方の今昔を調べてまとめてみよう。

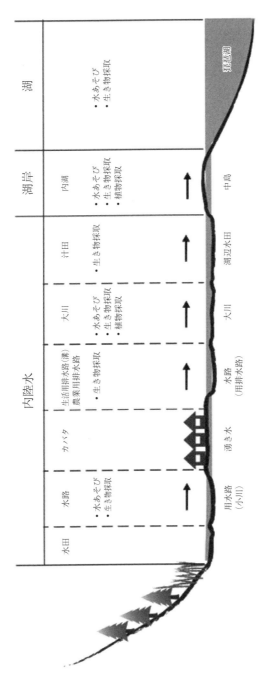

図9-8　水の流れに沿った資源利用パターン

出典）楊平・嘉田由紀子（2022：33）

6 まちづくりと地域の水環境

　針江地区では，かつては，集落を歩くと，子どもの笑い声，遊び時の賑やかなかけあい声などをよく耳にしたという。ところが，いつのまにか，子どもたちが川で遊ぶ姿を見かけることがほとんどなくなった。また，かつての子どもたちは，地域に住むおじいちゃんやおばあちゃんを知っていて，大人たちもどの家の子かを知っていて，お互いによく知っているという間柄であった。ところが，近年は住民たちがお互いや地区内のことを知らないことが増えてきているという。そして，2003年には地域の子どもが知らない人に連れ去られそうになる事件があった。

　これらの変化は，一見して川そのものとは関連がないように思われる。しかし，針江地区の人びとは，「昔，ここは皆の遊び場だった。」「いっぱい遊んでいた。子どもも大人も皆がよくここにくる。みんなのたまり場みたいな」「川の周辺には誰かがいて，大人は子どもたちをよくみていた。互いによく知っている」「皆がおたがいによく知っていた」「みんなで集まることも少なくなった」という。

　つまり，針江地区の川は，水や水環境を利用するという機能のみを果たしていたのではなく，訪れた住民が，自然と知り合ったり，交流したりすることができる場所になっていたのである。したがって，針江地区の住民が川と関わる機会を減じるということは，住民同士が関わる機会を減らすことにもなっていたのである。そして，針江地区の人びとは，同じ地域に住む生活者同士が関われる機会に大きな変化があったことに不安感をもったと考えられる。

　そこで，地域住民たちは，「自分たちでわがまちを守り，水や暮らしを守る」ため，子どもが連れ去られそうになる事件があった翌年の2004年に「生水の郷委員会」を立ち上げた。その構成は，元青年団の仲間や壮友会，老人会，元区長経験者などであった。

　この委員会が立ち上がる前後，委員たちは，次の世代に残したいモノやコト，そして伝える内容などについて，よく話し合いをしていた。話をしている

図9-9　針江大川で行われている自然観察会の光景

図9-10　漁具の使い方を次の世代に伝える住民

図9-11　針江大川でとれた水草調べの様子

出典）図9-9〜図9-11筆者撮影

186

うちに，湧き水の場所（地元では「カバタ」と呼ばれている）や川，湖との暮らしや人びとの体験や思いなどを，「ありのままで紹介する」活動をしようということになった。

このように活動内容は，針江地区の水環境の保護と人と自然の関わる環境作りを目的とし，「自分たちの暮らしを自分たちの言葉で伝える」ということからスタートした。委員たちは，住民に直接に会いに行って，「協力してほしい」とお願いしたそうだが，「断られる家はなかった」という。こうして委員会の活動は，多くの住民からの協力を得ることができた。

生水の郷委員会のメンバーは，生活に密着した形で地域内外の人びととともに活動をはじめた。たとえば，湧き水のある水場やまち並みや，川や内湖，湖辺などの水との暮らしの場を案内したり，川につながる内湖の水草の刈り取りや，水路，川，湖辺での清掃活動など行ったりしている。そのことを通じて，川や湧き水，内湖などの水環境に，これまでと異なる働きかけを行ったり，かつての水との暮らし経験を伝えたり再現している。

これらの活動を通じて大人同士のみならず，子どもと大人を超えた付き合いの輪も次第にできてきている。これまでは水や水環境の利用の結果としてもたらされていた人との付き合いを促すという水環境の副次的な機能は，人と人との付き合いが希薄になった地域のコミュニティ形成において，「新たな価値」として見い出されたのである。この新たな価値を創出させた根幹には，生水の郷委員会が，次世代に残したいモノやコトを活動の中心に据えて活動を始めたことから，針江地区の地域や地域組織ならではの文化があるといえよう。

Practice Problems 練習問題 ▶ 6

身近な水環境をめぐる住民たちの取り組みやその工夫を比較してみよう。

7 変化のないかかわり

前節でみてきたように，針江地区の川と人との関係は変化したが，変化して

いない働きかけもある。川の清掃活動は，従来の地域組織である「組」が継続的に行っている。針江地区には，全部で11の組があり，その名は，「い組」，「ろ組」，「は組」，「に組」，「ほ組」，「へ組」，「と組」，「ち組」，「り組」，「ぬ組」，「る組」である。組は，川の掃除のほか，地域行事などさまざまな地域の「しごと」を担ってきた。大川の清掃は，年に4回行っている。2017年の大川掃除の分担は次のようになっている（表9-3）。

　興味深い点は，針江地区の川と関わる住民組織が複合的になっているということである。生水の郷委員会は，まちづくりのために新たに結成された組織で，昔の暮らし体験や地域ならではの伝統文化を広く伝えたり，観察会やイベントなどの開催を行ったりすることで，水環境のある場所をめぐる新たな関係性を創出し，水環境を見守る（利用や管理を問わず）役を担っているが，従来の管理主体である各「組」も，川の清掃活動を継続しており，針江地区の人びとと水環境との関わりは，複数の組織が異なる役割を担うことで成り立っている。

　針江地区では，「人と水や水環境」，「人と人」の関係性が生活や生業を通じて非常に濃厚であった時代から大きく変化した。その変化に対して，地域の人びとは，水や水環境に新たな利用価値を見い出し，新たに組織を結成し，水との暮らしという経験を自ら語り続けたり，水環境に触れる機会や体験の場を提供したり，体験や学習イベントなどを実施したりすることを選択した。これらの取り組みを通じて，水や水環境に再び関わることができる状況と，地域内の子どもや大人がお互いに接する場や機会を創り出したのである。また，新たな

表9-3　大川掃除における役割分担（2017年度）

回数	大川下流	大川上流
5月	い・ろ・は・に「組」	ほ・へ・と・ち「組」
7月	ほ・へ・と・ち「組」	い・ろ・は・に「組」
1月	い・ろ・は・に「組」	ほ・へ・と・ち「組」
3月	ほ・へ・と・ち「組」	い・ろ・は・に「組」

出典）聞き取り調査に基づき作成

組織は，従来の自治会のしごとを補っており針江地区の水環境や地域課題に関わる主体は，従来の自治会（組を含む）などといった従来の生活組織と新規組織といった複合体であることが特徴といえる。

8 地域の水環境の新たな可能性

　ここまで川と関わる地元組織のありようを2つの地域の例からみてきた。川の保全を考える場合，こうした組織の果たす役割は大きい。ただ，こうした住民組織は，現代の河川保全においては主流の組織とはみなされていない。どちらかといえば，NPOのような有志の組織の方が重視される傾向にある。その理由は，地元の住民組織には，環境保全以外にさまざまな生活保全のための活動を行っており，その正体をつかみがたいからであろう。

　では，その正体をどのように考えていけばよいのだろうか。この点について，環境社会学者の鳥越皓之は，「有用コミュニティ」（鳥越　2008）論を提起している。鳥越によれば，コミュニティは，文化を所有しており，住民はコミュニティの活動に参加することでその文化を受益することができ（鳥越2005），「その地域固有の文化を保持するコミュニティは私たちの身近な生活を充実させてくれる力を持っている」という（鳥越　2008：180）。

　この論理をもとにみていくと，川と関わる地域組織の正体がつかめそうである。本章で取りあげた事例でいうと，水環境の管理を持続的に行ってきた2つの地域は，水環境に関わる文化をもっており，その文化を現在の生活条件に合わせてアレンジすることによって，地域の課題解決をし，生活をより充実したものにしていたといえる。

　さらに，住民たちへの聞き取りからは，その活動の組織化の根底には，川の水の必要性が人びとを動かしているというよりも，2つの地域の「有用コミュニティ」が，「文化・倫理的地域コミュニティ」として存在している点が大きいということである。そして2つの地域の「文化・倫理的地域コミュニティ」は，川をきれいに保つことに対して個々の住民の中に培われてきた倫理観によ

って支えられていること，かつてから存在した地域の生活組織と，水環境に現在的なかたちでかかわろうとする新たな組織の複合によってなりたっていることが，事例が教えてくれたことであった。

■ 参考文献 ·····

嘉田由紀子，1984，「水利用の変化と水のイメージ―湖岸域の水調査より―」鳥越皓之・嘉田由紀子編『水と人の環境史―琵琶湖報告書―』御茶の水書房：206-240

農林水産省構造改善局編，1993，『計画　農業用水（水田）』：1-2

農林水産省農村振興局整備部水資源課，2009，「農業水利施設を利用した環境用水の水利権取得に関する手引き」（https://www.maff.go.jp/tohoku/nouson/kankyo_yousui/attach/pdf/tebiki-8.pdf：2023年8月1日取得）：4

近江八幡市史編集委員会，2021，『地域文化財』（近江八幡の歴史第9巻）近江八幡市

鳥越皓之，2005，「政策としての実践コミュニティ」コミュニティ政策学会編『コミュニティ政策』3：52-65

鳥越皓之，2008，『「サザエさん」的コミュニティの法則』NHK出版

鳥越皓之・嘉田由紀子編，1984，『水と人の環境史―琵琶湖報告書―』御茶の水書房

楊平・嘉田由紀子，2022，『水と生きる地域の力―琵琶湖・太湖の比較から―』サンライズ出版

自習のための文献案内

①　嘉田由紀子編，2021，『流域治水がひらく川と人との関係―2020年球磨川水害の経験に学ぶ―』農山漁村文化協会

②　川田美紀，2019，「人はどのように環境と遊んできたのか？」足立重和・金菱清編『環境社会学の考え方―暮らしをみつめる12の視点―』ミネルヴァ書房：81-96

③　鳥越皓之編，2010，『霞ヶ浦の環境と水辺の暮らし―パートナシップ的発展論の可能性―』早稲田大学出版部

④　鳥越皓之・足立重和・金菱清編，2018，『生活環境主義のコミュニティ分析―環境社会学のアプローチ―』ミネルヴァ書房

　①は社会学者である嘉田由紀子による環境社会学研究として川と人の関係を論じた必読書。②は人と環境とのかかわり方を鋭い視点からとらえられ，新たなユニークな方法論の枠組みを論じた。③はパートナシップ的発展論を提示しつつ，環境社会学の方法論や政策実践にも詳しい。④は生活環境主義の立場からコミュニティを分析した必読書。

第10章

水と人の関係は何を教えるのか

牧野　厚史・藤村　美穂・川田　美紀編

1 環境社会学のフィールドワーク

　アメリカ合衆国の著名な都市社会学者，クロード・S・フィッシャーは，その著書の中で，本の最後の章は，パーティに似たものにしたいという主旨のことを述べている（Fisher 1996）。つまり，最後の章だけは，著者が論理や証拠にあまり縛られずに，思っていることを書いてもよい場所にしておきたいというのである。本書もまた，フィッシャーのやり方に倣おうと思う。つまり，本書の最後の章では，執筆者たちがこれまでの研究の中で水について考えたことや，そのきっかけとなったエピソードなどを，それぞれ自由に述べる場にしたい。

2 人間にとって環境とは何か（牧野　厚史）

　環境社会学は，環境と社会との相互作用を扱う学問分野である。その場合の環境は，実に多様な内容を含む。水，大気，音，野生動物など，人間を取り巻くすべてが環境となる。それらの環境は，対象を何にするかによってみえる社会の側面が異なる。たとえば，野生動物と人間との関係だと，人びとは保護すべき動物とそうでない動物とを分けたりしているが，その根拠とは何だろうか，といったあたりが気になるはずだ。こうした判断の根拠を考えることは，野生動物と向き合う人びとの社会について知ることでもある。今の日本列島の地方では，クマの害が目立っているが，それでもクマを保護しなければならな

い理由とは何かは，自然生態系だけではなくて地方の社会にもその答えを探す必要がある。

　では，水はどうだろうか。水の場合，みえてくるのは，人間が，循環という性質を大きくは変更できない点である。日本の工場では，水の恵みをいかす節水技術が投入されている。その結果，工業用水の取水量は，工場数の増加にくらべると増えていないが，これは，川や湖との水のやりとりがなくなるわけではない。水の環境への負荷を減らしているだけである。この点は，水による禍への対処のひとつである水害対策にもいえる。明治期以来，日本列島では，水の災害予防に向けて公共事業が盛んに行われてきたが，災害はなくなっていない。それどころか，気候変動の影響もあって，水の災害パターンの変化が心配されている。こうした水の災害を取り巻く状況は，節水技術と同様に，水の循環そのものを変えてしまう力が，人間の側にはないことによる。このように，水については，環境へのありふれた戦術行使，すなわち，水を恵みの側面と禍の側面とにわけて，前者を大きくし，後者を遠ざける手法は，部分的にしか有効ではない。それは，恵みを用いた産業化がもたらした公害の被害や，治水対策による川や湖の自然環境の劣化をみれば明らかである。

　水の循環に手を加えても，恵みと禍の線引きが不可能だとすれば，人間社会のとるべき方向がみえてくる。循環という性質をもつ水の力と拮抗しながら，その水と共存できる社会をつくることである。では，共存に向けた社会の修正は，どこから始めるべきだろうか。本書の各章をみると，その出発点はかなりはっきりしている。それは，自分たちの生活環境といってもよい，身近にある小さな水循環との関係から，今後の方向を考えることになる。この場合，小さいということは大きなメリットがある。なぜなら，少数の人びとがかかわる小さな水循環では試行錯誤が可能であることが多く，その場合，人びとは自分たちの経験的知識を試しながら改良していくことができるからだ。それは，水環境ガバナンスという最近の政策の方向を，社会という基盤から考えることにもなるはずだ。

❸ 複数のアクターの相互作用とそのプロセスをとらえる（帯谷　博明）

　水はダム湖のように一箇所にとどまる「ストック」であり，上流から下流へ，地表から地中へと流れ循環する「フロー」でもある。水はまた，ペットボトルに詰めて販売される商品（私有財）になる一方で，地域の人びとが共同で維持・管理してきた洗い場などの共有財（コモンズ）にもなり，別の場合には，不特定多数の人びとが関係し利用する公共財（河川など）にもなりえる。さらには，人間だけでなく地球上のあらゆる生物（生態系）にとって，水は生命・生活の維持と再生産に不可欠な存在であり，個々の要素同士（例：人と人）を結びつける媒体（メディア）ともなる。逆に，災害源として生命や社会の存続を脅かす存在にもなる。実に多様な形態と多義性をもつ水と，水によって形成される水環境とを，私たちはどのように利用し，維持・管理し，保全・再生していくのか，いくべきなのか。その制度や仕組みはいかなるものが望ましいのか。このような大きな問いに向き合うのが環境に関わる諸科学であり，環境社会学の役割であろう。

　社会学では，「ミクロ・マクロ」問題とよばれる，個人や家族といった小さな単位の振る舞いから，全体社会の構造まで，さらには個人と全体社会の間に存在する中間集団を意味する「メゾ」レベルのいずれに焦点を合わせるか，という方法論のバリエーションがある。他方で，地理学的な区分，すなわち，ローカル／ナショナル／インターナショナル・グローバルといった社会の多層性とその相互関係にも目を配る必要がある。

　高性能なスマートフォンのカメラでは，ピント（焦点）を合わせる場所によってその周辺の景色は前景や背景となってぼやけて写る。研究では，その焦点を合わせる対象が地域コミュニティで暮らす人びとの生活世界であったり，コミュニティの範域を超えて活動するNPOや社会運動であったり，ひとつの国やグローバルなレベルでの政策決定の場面であったりする。環境社会学がこれまで得意としてきたのは，丹念な調査に基づいた比較的小さな範域の事象分析

であった（ミクロやメゾ，あるいはローカルなレベル）。一方で，インターネット
やSNS，関連するさまざまなデバイスの普及によって，人びとのコミュニケ
ーションや関係性のあり方が多様化・複雑化する今日の社会状況においては，
そのような小さな範域の事象へのまなざしを大事にしつつ，より複眼的に「環
境」に関わる事象をとらえることが必要になっている。その点で，第7章で紹
介した「水環境ガバナンス」の定義，すなわち「水環境に関する，複数の主体
（アクター）の相互作用に基づく統治とそのプロセス」を丁寧にとらえること
は，水環境のみならず，さまざまな環境の諸課題を考えていく際の主題のひと
つになるのではないだろうか。

4 スケールを考える（藤村　美穂）

　地理的に考えると，流域とは一本の川につながる水に関するもっとも大きな
スケールであり，世界的には国境を越えることもある。その流域のまとまりと
いうことについて考えようとした時にまず思い浮かんだのは，ラオス南部での
水に関するひとつの経験である。

　ラオスを訪れた時はちょうど雨期であったため，メコン川は支流も本流も増
水を続けていた。私たちが宿泊していた宿の前を流れるその川（メコン川の支
流）は，到着した日にはまだ道路と川の境界がわかる状態であったのだが，翌
日の朝になると，道路にもひたひたと水が上がってくる程度になっていた。し
かし，周囲の人びとは慌てる様子もなく，水際の草むらから逃げてくるコオロ
ギを捕まえる（食べるため）のに夢中である。3日目の午後に，道路の水深が
膝より深くなり，ボートで通れるくらいになって，やっとみなが避難をはじめ
た。

　川が急峻で，増水しはじめるとすぐに逃げなければならない日本と比べ，メ
コン川の上流は中国のチベットであり，タイとラオスの国境を流れて下流はベ
トナムにまで続いている。その大きな川が受け皿になっているため，洪水にな
るのもゆっくりであるが，水が引くのにも時間がかかる。水を介した社会的な

まとまりとスケールの関係について考えさせられた経験である。

　1980 年代以降の環境社会学の研究では，もっとも身近な次元でわれわれの具体的な水利用の秩序とかかわってきたコミュニティを研究することの重要性については共通認識にもなってきたといえるだろう。それに対して，いまの日本やアジアで生じている水の問題のひとつは，長い歴史の中で作り上げられ維持されてきた水の循環が，急激な水の利用パターンの変化や集水域の土地利用の変化によって大きく変化しているということ，そして，その変化がもたらすリスクについての情報が，自分たちの経験を超えたスケールや時間軸で耳に入るようになり，それへの対処が求められるようになったことである。

　水が，地球上の人類全体から小さなコミュニティにいたるまで，それぞれのスケールでの共有の資源，すなわちコモンズであることは間違いない。このように考えると，水という研究対象は，それらさまざまなスケールでのまとまり方，あるいは，そのまとまりどうしの関係という新たなテーマの存在も教えてくれる。

⑤ 不合理にみえる人びとの合理性に光を当てる（野田　岳仁）

　水をテーマに研究する社会学者のフィールドワークとはどのようなものだろうか。フィールドワーカーにとって，調査の現場は常識や自分の考えをひっくり返す驚きや感動を与えてくれる場所である。近頃は，行政による上水道システムとは異なる集落独自で運営される「小規模集落水道」の現場を歩いている。その現場においても，地元の人びとの暮らしの豊かさや奥深さに心を揺さぶられ続けている。水道政策を考える上で大切なヒントが人びとの暮らしに隠されていると考えるからだ。

　小規模集落水道は，いま岐路に立っている。人口減少や高齢化によって，日常的な水源の保全や貯水タンクの掃除などの維持管理が近い将来に困難になるとみられ，国は上水道システムの導入や定期的に給水車を送る「運搬送水」を

計画している。では，なぜ人びとは小規模集落水道を維持し続けるのだろうか。印象に残っているのは，福島県双葉郡川内村の人びとの実践である。

　川内村は，行政として上水道システムを導入していない自治体である。人びとは集落単位で水道組合をつくったり，自家用の井戸を掘って対応してきた。それが，東日本大震災と原発事故が発生し，状況が一変した。川内村は，福島第一原発から 20-30km 圏内に位置し，全村避難を経験した。放射性物質の除染などが完了し，1 年後に村への早期帰還が許されることになったが，水源の放射能汚染が疑われる事態となり，村は将来的な上水道システムの整備を構想し，それまでのつなぎとして自家用井戸掘削のための補助金（1 戸 100 万円）を創設し，小規模集落水道を使わないように通達した。

　しかしながら，水道組合の人びとはそれを拒否し，放射能汚染が疑われても水道組合を維持し続けなければならないと主張した。その理由は，次のようなものである。

　川内村は，全村避難を経験し，村民の多くが村への帰還をためらう中で自治会やさまざまな地域組織は機能停止状態となり，解散を決めた地域もあった。すなわち，地域の人たちとの人間関係やそれを維持する仕組みは断絶されかねない状況になったのである。

　にもかかわらず，月に 1 度の水道組合のタンク掃除だけが地域の人びとが会する唯一の機会となり，むら（村落）の自治を発揮する場として機能し，早期の復興につながることになった。

　小規模集落水道は生存・生活に関わるからこそ，地域の人びとと共同で定期的に清掃作業を行う必要があり，地域の人びととの関係性を失ってしまっては，復興や生活再建など不可能であると判断されたのである。つまり，人びとは水道組合を通じた地域の人びととの人間関係やむらの自治機能を安定させるために水道組合の維持を主張したのである。

　川内村に限らず，全国で 200 万人とも想定される小規模集落水道を運営する人びとがそれにこだわるのは，むらの自治機能の安定化とかかわっているからである。新潟県村上市大毎集落のように上水道システムが導入されているにも

かかわらず，集落独自の水道組合を100年間も維持し続けている地域もある。それは上水道システムでは決して代替できないものだからだ。小規模集落水道を廃止したり，上水道システムに移行することになれば，むらの秩序の切り崩しに直結する恐れがあろう。

　私たちが拠り所にしている社会学の特徴のひとつに，他者の合理性の理解がある。放射能汚染が疑われる水を利用したり，頑なに水道組合を維持し続ける人びとの姿は，ともすれば，非合理的な判断に映るに違いない。けれども，私たちは，そのような一見不可解にもみえる人びとの判断の合理性を問うことで，目にみえない政策の誤りや落とし穴を浮き彫りにする力を得ることができると考えているのである。

6 人びとの判断から考える（五十川　飛暁）

　人びとが感じている水辺とはどのようなものだろうか。水辺について考えるというのは，そこに関与する人びとのかかわりの論理とセットで問わなければならない実践である。そう最初に強く実感したのは，大学院生の時，水路をめぐる埋立反対運動を行い，その維持に成功した地域の調査をしていた時であった。

　その町は，水路とともに発展してきた自分たちの暮らしを見直そうということで活動を町並み保全にまで展開し，その結果，水路と町並みを守るための条例が施行されるにまでいたったところである。けれども，大成功の事例に学ぼうと訪れてみると，人びとは施行された条例をめぐって賛成や反対の意見を口々に述べる状態で，現場はたいへん混乱していた。自分たちの守ろうとしてきた水路や町並みを守る施策のはずなのに，どうして混乱がおきてしまったのだろうか。

　調査の中でわかってきたのは，条例が守ろうとする水路や町並みと，人びとが従来から親しくしてきた水路や町並みのつきあい方とは，大きく異なるということであった。条例は，現場の水路や町並みの形態をそのままに維持する，

つまり保存というところにポイントをおくものであったのに対し，現場の人び
とが関心をおいていたのは，水路や町並みへのいかなるかかわり方や手の加え
方であればみなが納得するかという，そちらの作法の方にあったからである。
いまこの作法をゆるやかな現場のルールといっておけば，現場のルールに沿っ
た水路や町並みの適切な更新こそが，人びとの求めるところであったのだ。つ
まり，水路や町並みの保存というより，むしろ人びとは形成のほうにポイント
をおいていたのである。

　現場に教えられたこの事実はたいへん驚きであったが，環境問題への対応を
めぐるあらたな選択肢が得られた喜びとともに，現場に実際にかかわる人たち
の側から考えることの意義についても学ぶことができた経験であった。

　水辺をめぐる環境というのは，自然的要素が強い。だから，制御（支配）
や，その裏返しとしての保護の対象になりやすい。けれども，自然的要素が強
いからこそ，その水辺とどう対峙するかというかかわりの個別性も強くなる。
だから，現場ごとに，水辺に対する人びとの考えや判断や納得は異なってく
る。その個別性がよくみえるところが水辺の面白いところであるし，その個別
性を積極的に政策に含めていくことが必要だと考えている。

７ ルールを考える（川田　美紀）

　水とかかわるルールを生活者の視点からみるとどのようなことがわかるだろ
うか。大学院生の時，湖畔の集落で，昭和初期の自然資源利用について聞き取
り調査をした。調査時80歳前後の人たちが，子どものころ，どのような自然
資源を利用していたか，ということを教えてもらった。それが，私が田んぼに
興味をもつきっかけになった。

　なぜ，田んぼに興味をもつようになったかというと，田んぼでたくさんの種
類の資源利用がされていて，それらの利用は田んぼの所有者や耕作者によるも
のだけではなく，私有地である田んぼが共同利用されていたこと，同時に利用
されるものもあれば，季節や時間帯が異なるものもあったこと，そこには明文

化されていないが人びとの間で共有されていたルールがあったことがおもしろく感じたからである。

　聞き取り調査をさせてもらった人たちが子どものころに実際にしていたことの話が中心だったが，そのなかで田んぼでの資源利用を熱心に話してくれた人たちが複数いたことも興味深かった。あとから考えると，小学校低学年くらいの子どもにとって，湖や川，山などと比較して，田んぼはアクセスがしやすく，危険も少ない，身近な自然だったのではないかと思う。

　私が子どものころも，田んぼで遊ぶことは珍しいことではなかった。水が入っている時期は，田んぼのなかに入ることはなかったが，生き物を見つけたり，畦の植物を採って遊んだりした。稲刈りが終わると，田んぼのなかを走り回ったり，ボール遊びをしたり，正月の凧揚げをしたり，雪合戦をしたりした。道路は車の往来に気をつけなければならなかったが，田んぼではその心配がなかった。

　聞き取り調査をさせてもらった人たちは，自分の家が所有する，あるいは耕作する田んぼ以外で資源利用をしても，耕作の妨げになるようなことをしなければ怒られることはなかったと口を揃えていたが，私が子どものころも，構築物を壊したりしない限り，田んぼで遊んでいて怒られたという話は聞いたことがなかった。田んぼでの多様な利用は，土地の所有者だけに権利があるということではなく，利用する資源，利用する時期，そして誰が利用するのかといったことに関する柔軟できめ細やかなローカル・ルールがあって成り立っていたと考えられる。

　現在の田んぼはどうなっているのか，農家の人に話を聞くと，人に出会わなくなったという。かつては家族総出で農作業をしていたので，小さな子どもを家に置いてくるわけにいかず，子どもも田んぼに連れていったそうだが，今は機械を使ってひとりで作業をする。しかも，一農家あたりの耕作面積が大きくなって，近隣の田んぼを耕作する人たちと挨拶を交わすことも減ったそうだ。田んぼやその周辺で遊ぶ子どもも減った。もはや，田んぼでの多様な資源利用はされなくなり，まるで，米の製造工場である。

　なぜ，このような変化がもたらされたのかを考えてみると，生活のなかで自給自足するものが減り，お金を使うことが増えたことが大きいように思われる。自分たちが食べるものを自分たちで作らなくなっただけではなく，働いたり遊んだりするための道具や環境も，自分たちで作ったり整えたりすることが減った。そこにお金が介在することで，分業によって自分たちの生活が成り立っていることを実感しづらくなった。そのことが，生活を成り立たせている環境やその背景にある人びととの関係に関心をもちづらくさせているように思われる。

8 継続的かかわりを考える（楊　平）

　水ともっとも深くかかわった生活とはどのようなものだろうか。そうした人びとを対象にフィールド調査するきっかけのひとつとなったのは，「水がすべて」という水上生活の姿が強く印象に残ったからである。水上を移動しながら魚やエビ類などをとり，漁業を中心とした生活を営みながら，船を住居として水辺に停泊する暮らしは興味深いものであった。最初のころ，舟で暮らす人びとの話を聞くため，ほとんど，陸から住居でもある漁船でもある船を眺めるような近い距離で取材していた。しかし，ある日，水上生活者用の船に乗り，水上を行き来するような暮らしをともにする機会があった。その時に気づいたのは，「生活の立場から考える」ということである。また，川や湖，湧き水など，水のあるところを訪ねると夢中になる出来事が多々あった。夢中になると，知りたくなることはおのずと増えていく。そのひとつは，「日ごろからどのような保全活動をしているのか」である。これに対して，「特に何もしていない」という答えが返ってくることも少なくないが，地域の事情をよくよく聞いてみると，実に多様な日常的活動によって長年にわたって地域社会や環境が維持されてきていることに気づかされる。この多様な日常的活動は，水と暮らす人びとのごく日常的かかわり方だからこそ深い面白味がある。この日常的活動をめぐる論点は，ただ単に住民が主体的に水環境を保全できるのか，だけではな

い。その基盤となる地域社会に息づく種々の環境的倫理や住民組織による自治とは何か，地域コミュニティの抱える課題を持続性などを含めてどのように考えるかという，「ローカル・自治・共治」の仕組みが問われることであると考える。

⑨ アジアの村の現場から考える
（Ariyawanshe I.D.K.S.D）

　自然科学者たちからは見向きもされないようなことが，重要なヒントとなることがある。

　私は，大学院で研究を始める前，UNDP（国連開発計画：United Nations Development Programme）のフィールド・コーディネーターとして，スリランカの乾燥地帯で，気候変動に配慮した農業を推進するプロジェクトに参加していた。その当時，私は，貧しい農村の開発と環境保全の両方に関心があった。なぜなら，貯水池（Tank）の水を守るはずの森林を切り拓いて住居や畑をつくる農民たちは村全体の発展を望んでいたり，生活の場を求めてしかたなく開墾している人たちであることは知っていた一方で，気候変動に直面するなか，その森林を回復させなければ地域全体の水の循環が維持できなくなることも想像できたからである。

　すでに世界農業遺産として登録されていた乾燥地帯の灌漑システムの技術的側面や，それを可能にする環境構成要素（水，土地，森林など）の生態学的な研究はすでに数多く行われていた。しかし，主要な利害関係者であると認識されている農民たちについては，なぜそのように行動するのかについての社会的側面には十分な注意が払われていなかった。

　私は，その後，地域の農民たちにとっての森林や貯水池や水田の意味を考えるための研究を始めた。テーマを選んだきっかけのひとつは，信仰の問題である。かつてのスリランカの人びとは，「雨」そのものを神として敬っていた。雨は農業にとって，また乾燥地帯に住む人びとの生存にとって非常に重要だか

らだ。現在でも，干ばつの季節には村の貯水池でさまざまな儀式を行い，雨乞いをする。

　コミュニティやもう少し大きな範囲にはそれぞれ土地の神が存在し，その神はその地域にある貯水池の神としても祀られている。通常，それぞれの貯水池の近くには大木があり，村人はそれを貯水池や村の神を祀る場所としている。これらの木は，ほとんどの場合，樹齢数百年の古木である。地域の人たちは，貯水池と水田を敬い，村の繁栄を願う象徴として，水稲の初収穫後にこの場所で牛乳を煮出し，ミルクライスを炊く伝統がある。現在でも，農民はこの儀式を行わずに収穫物を家に持ち込むことはない。

　また，もっとも貧しい農家でさえ，果樹や野菜をつくる菜園や家の近くに，神を祀る特別な場所をもっている。このように，スリランカの人びとは，現在でもさまざまな土地の神を敬っているが，貯水池の上流にある森林地帯に関しては異なるようである。かつて森林地帯で集団焼畑耕作が行われていた時代には，森でも村の神々，ガジュマルなど特定の樹木，森林の神々のための儀式が行われていた。しかし，森林が開墾されはじめた現在，村の人たちはそれらの儀式を行うことにあまり関心がないようだ。

　このような信仰の問題は，自然科学では関心をもたれることはない。しかし，森林回復プロジェクトのキーパーソンのひとりは，神々の儀式や村人の心身の健康を取り扱う伝統医である。その伝統医は，人や自然の健康という観点から，活動にも積極的に参加している。

　私は今後，SNSも使いこなすこの若い伝統医が，どのようにして村の人たちと行動を起こしていくのかを見守り続けたいと考えている。

🔟 水と人との関係の未来

　水はおそらく，人類が始まった時から，われわれに恵みと災いをもたらし続けている。水は，災害のように，人間が制御しきれないという点では自然の一部であるものの，その利用に向けて努力が続けられてきた点では，社会の一部

として存在しているともいえる。当然ながら，このような水への対処のしかた
は，時代や場所によって異なっている。そして多くの場合，その対処のしかた
は，人為的なのか自然発生的なのかわからないくらい長い時間をかけて確立し
てきたものである。

　それぞれの章の執筆者たちが研究を始めた経緯を読むと，水と人とのかかわ
りに関する歴史やしくみにたいする感動，その変化への危機感などがその背景
にあることがわかる。それとともに，もうひとつの重要な特徴は，水そのもの
だけではなく，人びとが水とかかわる場所やそこで行われるさまざまな営みに
対する関心である。たとえばそれは，水場や水辺をめぐる信仰や生業，遊び，
保全活動にいたるまでの，実に多様な営みである。

　常識的にみれば，それらの営みが展開される水場や水辺などは，明らかに人
間が水を使うために選ばれ，手を加えられつくりだされた場所である。したが
って，それらは水利用の仕掛けだともいえるが，ローカルなコミュニティに取
り込まれると，水と人とはいかにかかわるべきか，また，水を利用する人びと
とは誰で，その人びとといかにつきあっていくのかを世代をこえて伝え，人び
とに考えさせる社会空間にもなる。つまり，水場や水辺のような空間は，自然
利用の手段でありながら，その場所自体が生活文化を創造する空間にもなって
いるのである。

　高度経済成長期以降，水をめぐって，人や地域，産業間であらたな葛藤が生
まれたり，将来的な不安を感じたり，かつての姿に学びたくなったりするの
は，水場や水辺などの場所とのつきあいをとおして慣れ親しんできた水との関
係の急速な変化に，われわれの社会が対応しきれていないからだということも
できるだろう。同様のことは，水に限らず，山や野生動物，あるいは食と農の
関係など，さまざまな方面で生じている。そして，このことは，環境社会学の
大きな問い，すなわち人間にとっての環境とは何かという問いにもつながる。

　環境と人間との関係の将来について，私たちは「発展」(development) とい
う言葉で考えようとしてきた。この言葉には，発育や目覚める，などの意味もある
のだが，近代以降，私たちはこの発展という言葉に，工業化の推進による生産力増

大や経済成長を期待してきた。しかしながら，深刻な環境悪化を経験した今日，その期待は大きく変わりつつある。多くの国や地域における実践では，経済成長を包み込む，社会というソフトの発展に関心が高まってきた。社会学者たちは，生産力の増大や経済成長だけではなく，生活の質的向上や幸福感を重視する現場からの問題提起に，ますます耳を傾けるようになっている。

　ここで，日本の環境社会学の水研究に話を戻そう。日本でも，世界の他の国や地域と同様に，便利になった一方で水との関係の疎遠化やそれにともなう問題が生じた。しかし，多くの場合には，それらの問題はそのまま放置されたわけではなくて，コミュニティの人びとによる解決の動きもみられた点が注目される。本書のなかで取り上げた漁師による植林運動や住民による水路の掃除などがその例である。その一方で，残されている課題も少なくない。たとえば，水道の普及は女性たちの水汲み労働を軽減したが，それで女性たちが楽になったり幸せになったかといえばそれは別の話である。このように，解決されたかのように顧みられない課題もある。また，第3章や4章，7章で取り上げられた事例からもわかるように，コミュニティをこえたマクロな視点をもつことも今後の課題である。

　このうち，後者のマクロな視点を入れた実践面での工夫として，今，増えてきているのが，コミュニティの組織と，専門的知識をもつスタッフを抱えるNPOなどの民間組織との関係強化の動きである。なかでも，最近の動きとして注目されるのは，本書でも取り上げたように，研究会や研究所などの，やや安定した組織をつくる傾向がでてきたことである。こうしたコミュニティを背景にした，水問題についてのミクロ―マクロのリンク，すなわち，水環境ガバナンスの仕組みづくりの行方が，今後の日本の水と人との関係の将来を左右していくことになる。そう考えて，日本の環境社会学の水の研究は進められているといえる。

Practice Problems 練習問題 ▶1
　水環境問題への社会学的アプローチとは，どのようなものだろうか。また，社会

学的アプローチをすることによって，どのような解決策を導き出せるだろうか。

Practice Problems　練習問題 ▶ 2

　もしあなたが水環境について研究するとしたら，何を対象に，どのようなことを調べてみたいか，考えてみよう。

参考文献 ....

Fisher. C. S., 1984, *The Urban Experience*, Harcourt Brace Jovanovich.（＝ 1996, 松本康・前田尚子訳，『都市的体験—都市生活の社会心理学—』未来社）

自習のための文献案内

① 『講座　環境社会学』（全 5 巻）有斐閣

　飯島伸子ほか編，2001,『環境社会学の視点』

　舩橋晴俊編，2001,『加害・被害と解決過程』

　鳥越皓之編，2001,『自然環境と環境文化』

　長谷川公一編，2001,『環境運動と政策のダイナミズム』

　飯島伸子編，2001,『アジアと世界：地域社会からの視点』

② 『シリーズ環境社会学』（全 6 巻）新曜社

　鳥越皓之編，2000,『環境ボランティア・NPO の社会学』

　井上真・宮内泰介編，2001,『コモンズの社会学—森・川・海の資源共同管理を考える—』

　片桐新自編，2000,『歴史的環境の社会学』

　古川彰・松田素二編，2003,『観光と環境の社会学』

　桝潟俊子・松村和則編，2002,『食・農・からだの社会学』

　桜井厚，・好井裕明編，2003,『差別と環境問題の社会学』

③ 『リーディングス環境』（全 5 巻）有斐閣

　淡路剛久・川本隆史・植田和弘・長谷川公一編，2005,『自然と人間』

　淡路剛久・川本隆史・植田和弘・長谷川公一編，2006,『権利と価値』

　淡路剛久・川本隆史・植田和弘・長谷川公一編，2005,『生活と運動』

　淡路剛久・川本隆史・植田和弘・長谷川公一編，2006,『法・経済・政策』

　淡路剛久・川本隆史・植田和弘・長谷川公一編，2006,『持続可能な発展』

④ 『シリーズ環境社会学講座』（全 6 巻）新泉社（既刊のみ）

　藤川賢・友澤悠季編，2023,『なぜ公害は続くのか—潜在・散在・長期化する被害—』

　茅野恒秀・青木聡子編，2023,『地域社会はエネルギーとどう向き合ってきたの

　か』
　関礼子・原口弥生編，2023，『福島原発事故は人びとに何をもたらしたのか—不
　　可視化される被害，再生産される加害構造—』
⑤　環境社会学会編，2023，『環境社会学事典』丸善出版.
⑥　山本努・吉武由彩編，2023，『入門・社会学—現代的課題との関わりで—』学
　　文社

　①は，1995 年に発足した日本の環境社会学会の会員による初期の研究課題や問
題関心の輪郭について知ることができる講座である。
　②は，環境社会学の新しいテーマについて論じたシリーズで，コモンズや歴史
的環境，環境ボランティアと NPO，食と農など，今論じられているキーワードに
ついて，社会学がどのように取り組み始めたかを学べる。
　③は，環境社会学者の著作のみではないが，国内外の古典的著作について，そ
の主要な部分の抜粋を納めたリーディングスである。環境問題に関する国内外の社
会科学における主要な古典的著作が，収録されており，入手しにくい重要な文献も
含まれている。
　④は，現在，刊行中の講座で，ここには既刊のみをあげた。それぞれのテーマ
についての最新の研究動向を知ることができる。
　⑤は，日本環境社会学会が編集した事典で，環境社会学の広大な研究テーマに
ついて項目ごとに概観することができる。
　⑥は，本シリーズの出発点となる本で，社会学の中における環境社会学の位置
づけについて論じられている。
　⑥以外は，環境社会学のシリーズを紹介することにした。環境社会学は，新し
い学問分野であったために，大規模なシリーズや講座が何度も刊行されてきた。こ
こでは，原則として，環境社会学に特化したシリーズおよび講座について掲載する
ことにした。

索　引

———————— ・編・著者紹介・ ————————

＊**牧野厚史**（はじめに，第 1 章，第 4 章，第 10 章）
　　　兵庫県生まれ，熊本大学大学院人文社会科学研究部　教授
　　　専攻　環境社会学，地域社会学
　　　主な著書・論文　「環境—快適環境づくりが引き起こす葛藤」山本努・吉武
　　　　　由彩編著『「入門・社会学—現代的課題との関わりで』学
　　　　　文社，2023 年
　　　　　「生活環境主義とコモンズ」山本努編『よくわかる社会学』
　　　　　ミネルヴァ書房，2022 年

＊**藤村美穂**（はじめに，第 2 章，第 3 章，第 10 章）
　　　大阪府生まれ，佐賀大学農学部　教授
　　　専攻　環境社会学，農村社会学
　　　主な著書・論文　「現代社会は山との関係を取り戻せるか」『村落社会研究』
　　　　　52，2016 年
　　　　　「駆け引きすることの有効性—九州の狩猟犬の事例から」
　　　　　卯田宗平編『野生性と人類の論理—ポスト・ドメスティケ
　　　　　ーションを捉える 4 つの思考』東京大学出版会，2021 年

＊**川田美紀**（はじめに，第 5 章，第 10 章）
　　　栃木県生まれ，大阪産業大学デザイン工学部　准教授
　　　専攻　環境社会学，農村社会学
　　　主な著書・論文　「環境保全における小農とムラ—『魚のゆりかご水田プロ
　　　　　ジェクト』から」『村落社会研究』55，2019 年
　　　　　「水環境の社会学—資源管理から場所とのかかわりへ—」
　　　　　『環境社会学研究』19，2013 年

　Ariyawanshe I.D.K.S.D（第 2 章，第 10 章）
　　　スリランカ民主社会主義共和国生まれ，ペラデニヤ大学農学部　講師
　　　専攻　農村社会学，開発研究

　森本美穂（第 2 章）
　　　福岡県生まれ，佐賀大学農学研究科（修士課程）修了
　　　専攻　環境社会学

　野田岳仁（第 6 章，第 10 章）
　　　岐阜県生まれ，法政大学現代福祉学部　准教授
　　　専攻　環境社会学，地域社会学，観光社会学

　帯谷博明（第 7 章，第 10 章）
　　　奈良県生まれ，甲南大学文学部　教授
　　　専攻　環境社会学，ガバナンス論

　五十川飛暁（第 8 章，第 10 章）
　　　大阪府生まれ，四天王寺大学社会学部　准教授
　　　専攻　環境社会学，地域社会学

　楊　平（第 9 章，第 10 章）
　　　中華人民共和国生まれ，滋賀県立琵琶湖博物館　専門学芸員
　　　専攻　環境社会学，地域社会学

（＊は編著者）

「入門・社会学」シリーズ 5

入門・環境社会学　現代的課題との関わりで

2024年4月10日　第1版第1刷発行　　　　　　　　　　　〈検印省略〉

編著者　牧野　厚史
　　　　藤村　美穂
　　　　川田　美紀

発行者　田中千津子

発行所　株式
　　　　会社　学　文　社

〒153-0064　東京都目黒区下目黒3-6-1
電話　03(3715)1501(代)
FAX　03(3715)2012
https://www.gakubunsha.com

ISBN978-4-7620-3257-8

社会学の各分野に対応する新しい入門テキストが登場!!

「入門・社会学」シリーズ
Introduction

―現代的課題との関わりで―　　　A5判・並製

現代社会における人びとの日々の生活との関わりから、各分野の入口を学ぶテキスト。
入門テキストに必要な概念や先行研究の提示、統計・量的データ資料や事例を可能な
限り入れ、各章には「練習問題」や「自習のための文献案内」を設置した。

1 入門 ・ 社会学
定価2640円（本体2400円＋税10%）

山本努・吉武由彩 編著　　　(ISBN) 978-4-7620-3253-0

社会学の入口というだけではなく、「入門·社会学」シリーズのイントロダクションとしても。

2 入門 ・ 地域社会学
定価2860円（本体2600円＋税10%）

山本努 編著　　　(ISBN) 978-4-7620-3254-7

地域社会学の基礎、都市社会学、農村社会学の基礎理論や概念等を具体例から学ぶ。

3 入門 ・ 家族社会学
定価2420円（本体2200円＋税10%）

山下亜紀子・吉武理大 編著　　　(ISBN) 978-4-7620-3255-4

どのような家族の中で生活し問題を抱えるのか。「現代の家族」を理解することに主眼をおく。

4 入門 ・ 福祉社会学
定価2640円（本体2400円＋税10%）

吉武由彩 編著　　　(ISBN) 978-4-7620-3256-1

「福祉社会学」の入り口について学ぶテキスト。福祉社会学の各テーマをより身近に感じるために。

5 入門 ・ 環境社会学
定価2640円（本体2400円＋税10%）

牧野厚史・藤村美穂・川田美紀 編著　　　(ISBN) 978-4-7620-3257-8

身近な環境に関わる人々の悩みを焦点に、水をテーマに環境社会学の見方、問題の調べ方を紹介。